# EDUCAÇÃO ESTATÍSTICA

## TEORIA E PRÁTICA EM AMBIENTES DE MODELAGEM MATEMÁTICA

COLEÇÃO TENDÊNCIAS EM EDUCAÇÃO MATEMÁTICA

# EDUCAÇÃO ESTATÍSTICA

## TEORIA E PRÁTICA EM AMBIENTES DE MODELAGEM MATEMÁTICA

Celso Ribeiro Campos
Maria Lucia Lorenzetti Wodewotzki
Otávio Roberto Jacobini

3ª edição

autêntica

Copyright © 2011 Os autores

Todos os direitos reservados pela Autêntica Editora Ltda. Nenhuma parte desta publicação poderá ser reproduzida, seja por meios mecânicos, eletrônicos, seja via cópia xerográfica, sem a autorização prévia da Editora.

COORDENADOR DA COLEÇÃO TENDÊNCIAS
EM EDUCAÇÃO MATEMÁTICA
*Marcelo de Carvalho Borba*
*(Pós-Graduação em Educação*
*Matemática/Unesp, Brasil)*
*gpimem@rc.unesp.br*

CONSELHO EDITORIAL
*Airton Carrião (COLTEC/UFMG, Brasil), Hélia Jacinto (Instituto de Educação/Universidade de Lisboa, Portugal), Jhony Alexander Villa-Ochoa (Faculdade de Educação/Universidade de Antioquia, Colômbia), Maria da Conceição Fonseca (Faculdade de Educação/UFMG, Brasil), Ricardo Scucuglia da Silva (Pós-Graduação em Educação Matemática/Unesp, Brasil)*

EDITORAS RESPONSÁVEIS
*Rejane Dias*
*Cecília Martins*

REVISÃO
*Maria do Rosário Alves Pereira*

CAPA
*Diogo Droschi*

---

**Dados Internacionais de Catalogação na Publicação (CIP)**
**(Câmara Brasileira do Livro, SP, Brasil)**

Campos, Celso Ribeiro
 Educação Estatística : teoria e prática em ambientes de modelagem matemática / Celso Ribeiro Campos, Maria Lucia Lorenzetti Wodewotzki, Otávio Roberto Jacobini. -- 3. ed. -- Belo Horizonte : Autêntica, 2021. -- (Coleção Tendências em Educação Matemática / coordenação Marcelo de Carvalho Borba)

 Bibliografia.
 978-65-5928-097-1

 1. Educação 2. Estatística - Estudo e ensino 3. Estatística matemática 4. Modelos matemáticos I. Wodewotzki, Maria Lucia Lorenzetti. II. Jacobini, Otávio Roberto. III. Título. IV. Série.

21-70496                                                                                   CDD-519.507

Índices para catálogo sistemático:
1. Estatística : Matemática : Estudo e ensino 519.507
Cibele Maria Dias - Bibliotecária - CRB-8/9427

---

**Belo Horizonte**
Rua Carlos Turner, 420
Silveira . 31140-520
Belo Horizonte . MG
Tel.: (55 31) 3465 4500

**São Paulo**
Av. Paulista, 2.073 . Conjunto Nacional
Horsa I . Sala 309 . Cerqueira César
01311-940 . São Paulo . SP
Tel.: (55 11) 3034 4468

www.grupoautentica.com.br
SAC: atendimentoleitor@grupoautentica.com.br

## Nota do coordenador

A produção em Educação Matemática cresceu consideravelmente nas últimas duas décadas. Foram teses, dissertações, artigos e livros publicados. Esta coleção surgiu em 2001 com a proposta de apresentar, em cada livro, uma síntese de partes desse imenso trabalho feito por pesquisadores e professores. Ao apresentar uma tendência, pensa-se em um conjunto de reflexões sobre um dado problema. Tendência não é moda, e sim resposta a um dado problema. Esta coleção está em constante desenvolvimento, da mesma forma que a sociedade em geral, e a, escola em particular, também está. São dezenas de títulos voltados para o estudante de graduação, especialização, mestrado e doutorado acadêmico e profissional, que podem ser encontrados em diversas bibliotecas.

A coleção Tendências em Educação Matemática é voltada para futuros professores e para profissionais da área que buscam, de diversas formas, refletir sobre essa modalidade denominada Educação Matemática, a qual está embasada no princípio de que todos podem produzir Matemática nas suas diferentes expressões. A coleção busca também apresentar tópicos em Matemática que tiveram desenvolvimentos substanciais nas últimas décadas e que podem se transformar em novas tendências curriculares dos ensinos fundamental, médio e superior. Esta coleção é escrita por pesquisadores em Educação Matemática e em outras áreas da Matemática, com larga experiência docente, que pretendem estreitar as interações entre a Universidade – que produz pesquisa – e os diversos cenários em que se realiza essa educação. Em alguns livros, professores da educação básica se tornaram também autores. Cada livro indica uma extensa bibliografia na qual o leitor poderá buscar um aprofundamento em certas tendências em Educação Matemática.

Neste livro os autores tratam de um tema cada vez mais atual e importante: a Educação Estatística (EE). Eles fazem um estudo aprofundado sobre a literacia, o raciocínio e o pensamento estatísticos, as três competências que compõem o núcleo da EE. Também dialogam com Educação Crítica e com a Modelagem Matemática, mostrando como a Estatística pode ser trabalhada com projetos de modelagem e como este enfoque pedagógico possibilita que questões sociais e ambientais, importantes para o momento atual, podem ser trazidas para a sala de aula de Matemática. Ao final deste livro o leitor terá lidado com exemplos sobre como a EE é trabalhada na escola básica e na universidade.

*Marcelo de Carvalho Borba**

---

* Marcelo de Carvalho Borba é licenciado em Matemática pela UFRJ, mestre em Educação Matemática pela Unesp (Rio Claro, SP) doutor, nessa mesma área pela Cornell University (Estados Unidos) e livre-docente pela Unesp. Atualmente, é professor do Programa de Pós-Graduação em Educação Matemática da Unesp (PPGEM), coordenador do Grupo de Pesquisa em Informática, Outras Mídias e Educação Matemática (GPIMEM) e desenvolve pesquisas em Educação Matemática, metodologia de pesquisa qualitativa e tecnologias de informação e comunicação. Já ministrou palestras em 15 países, tendo publicado diversos artigos e participado da comissão editorial de vários periódicos no Brasil e no exterior. É editor associado do ZDM (Berlim, Alemanha) e pesquisador 1A do CNPq, além de coordenador da Área de Ensino da CAPES (2018-2022).

# Sumário

Introdução ................................................................. 9

**Capítulo I**
A literacia, o pensamento e o raciocínio estatísticos ............... 21
A literacia estatística........................................................ 22
O raciocínio estatístico...................................................... 28
O pensamento estatístico.................................................... 37

**Capítulo II**
Interfaces com a modelagem
matemática e com a Educação Crítica .................................... 45
Interface com a modelagem matemática .................................. 45
Interface com a Educação Crítica .......................................... 58

**Capítulo III**
Projetos de modelagem matemática ...................................... 65
Projeto 1: A Estatística, o mercado de capitais e a
responsabilidade social...................................................... 65
Projeto 2: Usando simulação para a abordagem
de conceitos de distribuição amostral, margem
de erro e níveis de confiança .............................................. 82
Projeto 3: O teste do qui-quadrado ...................................... 100

Projeto 4: O problema da fila .................................................... 111
As competências estatísticas nos projetos
de modelagem matemática ...................................................... 116
As competências que compõem o núcleo central
da Educação Estatística ........................................................... 117

**Capítulo IV**
Teoria e prática: possibilidades e perspectivas
para prosseguir na reflexão ................................................... 125

Referências ............................................................................ 129
Outros títulos da coleção ...................................................... 133

# Introdução

A Estatística apresenta-se como disciplina obrigatória nos diversos campos de formação acadêmica. Além de sua conhecida importância nos cursos das Ciências Exatas, ressaltamos, igualmente, sua relevância nas Ciências Sociais, Humanas, Biomédicas e na área da Saúde. Cursos como Economia e Administração de Empresas, por exemplo, têm na Estatística uma importante ferramenta para estudo e análise dos diversos fenômenos de interesse geral e interesses específicos da formação profissional. Vemos hoje nos diversos cursos de graduação disciplinas como Estatística Aplicada à Educação, Estatística Econômica, Bioestatística, etc., o que demonstra a disseminação dessa disciplina pelas mais variadas áreas de formação acadêmica e profissional.

Da mesma forma, a preocupação de relacionar a Matemática e o cotidiano, desejável em todos os níveis escolares, e a necessidade da abordagem dos conteúdos estatísticos na direção de uma formação ampla do estudante, como indicam os Parâmetros Curriculares Nacionais, faz crescer a presença desses conteúdos no ensino fundamental e no ensino médio.

Entretanto, a despeito da sua importância para a formação do estudante, o ensino de Estatística, em qualquer um dos níveis de ensino, vem, há tempos, apresentando problemas, sendo responsável por muitas das dificuldades enfrentadas pelos alunos em suas atividades curriculares. Nessa direção, professores e pesquisadores, tanto em congressos acadêmicos quanto em reuniões pedagógicas, têm relatado as dificuldades dos alunos em assimilar conteúdos estatísticos, e o resultado disso é que eles, frequentemente, ficam temerosos quando se veem frente a frente com a necessidade de aprender tais conteúdos. Para muitos pesquisadores a Estatística contribui para o desenvolvimento, no estudante, de um sentimento de apreensão que se manifesta tanto nas aulas quanto na elaboração dos trabalhos escritos. Esse sentimento identifica-se fortemente com o que é muitas vezes chamado de ansiedade matemática, que decorre, em geral, de experiências negativas anteriores com a aprendizagem de matemática (FRANKENSTEIN, 1989), ou que é motivada por ansiedades e sentimentos de tensão, provenientes da manipulação de números e de problemas matemáticos (BRADSTREET, 1995).

Essas dificuldades pedagógicas têm incentivado pesquisadores a buscar suas origens e foi daí que, em meados da década de 1990, começaram a se intensificar investigações relacionadas com o ensino e a aprendizagem de Estatística, dando início assim a uma nova área de atuação pedagógica denominada Educação Estatística (EE).

Atualmente a EE aparece como objeto de análise em diversos centros de pesquisa no mundo, notadamente na Europa e na América do Norte. Nos Estados Unidos, por exemplo, destacam-se entidades pedagógicas como a ASA[1] (American Statistics Association) e o IASE[2] (International Association for Statistical Education), que têm por finalidade:

1) promover o entendimento e o avanço da Educação Estatística e de seus assuntos correlacionados;
2) fomentar o desenvolvimento de serviços educacionais efetivos e eficientes por meio de contatos internacionais entre indivíduos e organizações, incluindo educadores estatísticos e instituições educacionais.

No Brasil, diversos grupos de pesquisa foram criados, todos eles preocupados com condutas pedagógicas na sala de aula. Entre eles destacamos o GT 12, da SBEM, criado em 2001, que foca o ensino

---

[1] Disponível em: <http://www.amstat.org>.

[2] Disponível em: <http://www.stat.auckland.ac.nz/~iase>.

de Estatística e Probabilidade e que agrega o maior número de pesquisadores, o Grupo de Pesquisa em Educação Estatística (GPEE) na Unesp, campus de Rio Claro, constituído no ano de 2004, o de Estudos e Pesquisas em Educação Estatística (GEPEE) da UNICSUL-SP, organizado em 2009. Além desses, merecem destaque grupos como os de Processo de Ensino-Aprendizagem da Matemática na Educação Básica (PEA-Mat) da PUC-SP, o de Prática Pedagógica em Matemática (PRA-PEM) da UNICAMP-Campinas e o Grupo de Pesquisa em Educação Matemática, Estatística e Ciências (GPEMEC), na UESC-BA, que, entre outros temas, desenvolvem estudos e projetos específicos no âmbito da Educação Estatística. Um detalhamento do percurso histórico e da consolidação da Educação Estatística como área de pesquisa no Brasil é discutido e apresentado por Cazorla, Kataoka e Silva (2010).

Além disso, devemos também mencionar a Associação Brasileira de Estatística[3] (ABE), criada em 1984, que tem como missão promover um intercâmbio entre professores que lecionam Estatística, sobretudo no ensino superior, pesquisadores que utilizam Estatística em seus trabalhos e profissionais e estudantes, das mais diversas áreas de conhecimento, que necessitem da Estatística.

Esses grupos e associações de professores e pesquisadores têm avançado consistentemente na construção de estudos que possam identificar quais são os elementos mais importantes da EE, quais os aspectos que devem ser valorizados no ensino e na aprendizagem dessa disciplina e quais formas pedagógicas podem contribuir para minimizar os problemas relacionados ao trabalho em sala de aula com a Estatística.

Muitos desses estudos dizem respeito aos métodos de ensino de Estatística e aos seus objetivos, ou seja, preocupam-se em debater O QUE ensinar e COMO ensinar, com base em METAS a serem atingidas pelos alunos. De acordo com esses estudos, apontamos como principais objetivos da EE:

- promover o entendimento e o avanço da EE e de seus assuntos correlacionados;

---

[3] Disponível em: <http://redeabe.org.br/>.

- fornecer embasamento teórico às pesquisas em ensino da Estatística;
- melhorar a compreensão das dificuldades dos estudantes;
- estabelecer parâmetros para um ensino mais eficiente dessa disciplina;
- auxiliar o trabalho do professor na construção de suas aulas;
- sugerir metodologias de avaliação diferenciadas, centradas em METAS estabelecidas e em COMPETÊNCIAS a serem desenvolvidas;
- valorizar uma postura investigativa, reflexiva e crítica do aluno, em uma sociedade globalizada, marcada pelo acúmulo de informações e pela necessidade de tomada de decisões em situações de incerteza.

A EE que concebemos valoriza as práticas de Estatística aplicadas às problemáticas do cotidiano do aluno que, com a ajuda do professor, toma consciência de aspectos sociais muitas vezes despercebidos, mas que nele (cotidiano) se encontram fortemente presentes. De outro lado, valorizando atitudes voltadas para a práxis social, os alunos se envolvem com a comunidade, transformando reflexões em ação. Em nossa visão, esse aspecto crítico da educação é indissociável da EE e, mais que isso, nela encontra fundamento e espaço para seu desenvolvimento.

O desenvolvimento da EE se valeu do avanço das pesquisas em Educação Matemática (EM), mas mostrou que, apesar de conjugarem muitos aspectos comuns, apresentam diferenças importantes. Assim, se de um lado observamos algumas peculiaridades comuns no âmbito educacional entre essas duas disciplinas, de outro, muitas considerações devem ser feitas para esclarecer os pontos discordantes e, principalmente, os aspectos que são relevantes ao estudo da didática da Estatística que não necessariamente dizem respeito à Matemática.

Sobre essa diferença de relevância, Batanero (2001) observa que é preciso experimentar e avaliar métodos de ensino adaptados à natureza específica da Estatística, pois a ela nem sempre se podem transferir os princípios gerais do ensino da Matemática.

## Introdução

Sendo a Estatística uma parte da Matemática (no contexto escolar, principalmente nos ensinos fundamental e médio), poderíamos imaginar que elas teriam um desenvolvimento didático/pedagógico muito semelhante. Entretanto, os conteúdos e valores da Estatística são, em geral, distintos daqueles da Matemática. Princípios como os da aleatoriedade e da incerteza se diferenciam dos aspectos mais lógicos ou determinísticos da Matemática. A existência de faces mais subjetivas, tais como a escolha da forma de organização dos dados, a interpretação, a reflexão, a análise e a tomada de decisões, fazem com que a Estatística apresente um foco diferenciado ao da Matemática.

A nossa vivência pedagógica e diversas pesquisas publicadas têm mostrado que, em geral, professores de Estatística, principalmente aqueles que atuam em cursos universitários, costumam dar maior ênfase aos aspectos técnicos e operacionais da disciplina, afinal é assim que ela é tratada na maior parte dos livros didáticos. Dessa forma, os problemas abordados em sala de aula são na maioria das vezes desvinculados da realidade do aluno e voltados, sobretudo, para a repetição de exercícios e de técnicas apresentadas *a priori* pelo professor. Nesse contexto, a tecnologia de informação, quando aparece, ocupa um espaço bastante limitado.

Trabalhamos os princípios da EE contrariamente a essa postura pedagógica, com nosso olhar voltado predominantemente para questões de ensino e aprendizagem num ambiente no qual se destacam a investigação e a reflexão como elementos essenciais no processo de construção do conhecimento. Nesse processo, nos interessamos pelo trabalho com projetos de modelagem matemática, na linha do *aprender fazendo* (*learning by doing*).

As estratégias pedagógicas preconizadas na EE supõem o desenvolvimento de um programa de estudo, baseado na organização e no desenvolvimento curricular, centrado no aluno, no qual este de objeto passa para sujeito e, assim, torna-se corresponsável pelo processo de aprendizagem. A aula centralizada no professor dá lugar a um ensino no qual o aluno é chamado a participar ativamente, com base em situações originárias no seu cotidiano, seja este relacionado com sua comunidade, com sua vida familiar ou, até mesmo, com o seu mundo do trabalho, atual ou futuro. Assim, ele é levado a responsabilizar-se pelas informações, a compreender e a refletir sobre as atividades que estão sendo desenvolvidas e a tirar conclusões com base nos resultados obtidos. A investigação, a descoberta, a reflexão e a validação se destacam, pois são vistas como elementos básicos nesse processo de construção do conhecimento.

Nessa perspectiva, em termos da EE, os estudantes, de um modo geral, devem ser preparados para levantar problemas de seu interesse, formular questões, propor hipóteses, coletar os dados, escolher os métodos estatísticos apropriados, refletir, discutir e analisar criticamente os resultados considerando as limitações da Estatística, sobretudo no que se refere à incerteza e variabilidade.

A capacitação dos estudantes para esse fim requer diversas etapas, que podem ser descritas em termos de metas a serem buscadas no ensino de Estatística. Nesse contexto, Garfield e Gal (1999) identificam algumas metas principais que buscam levar o aluno a:

- entender o propósito e a lógica das investigações estatísticas;
- entender o processo de investigação estatística;
- dominar as habilidades usadas nos processos de investigação estatística;
- entender as relações matemáticas presentes nos conceitos estatísticos;
- entender a probabilidade, a chance, a incerteza, os modelos e a simulação;
- desenvolver habilidades interpretativas para argumentar, refletir e criticar;
- desenvolver habilidades para se comunicar estatisticamente, usando corretamente a sua terminologia.
- Concordamos com essas metas e a elas acrescentamos:
- desenvolver habilidades colaborativas e cooperativas para trabalhos em equipe;
- desenvolver habilidades de transposição dos saberes escolares para sua vida cotidiana, como cidadão e como profissional;
- desenvolver hábitos de questionamento dos valores, grandezas, dados e informações.

A questão pedagógica que naturalmente se apresenta é *como fazer para, no dia a dia da sala de aula, atingir essas dez metas?* Não há uma receita pronta para que essas ações sejam alcançadas, mas no contexto da EE apresentamos algumas estratégias que tendem a ser facilitadoras ao seu cumprimento. São elas:

1) O foco do ensino de Estatística deve ser desviado do produto para o processo. No trabalho com a inferência, por exemplo, é mais importante a compreensão dos processos de amostragem e da coleta de dados do que a obtenção do resultado final, conseguida através das fórmulas apropriadas e disponíveis em livros-textos ou apresentadas pelo professor.
2) Como consequência dessa valorização do produto, a análise e a interpretação de dados estatísticos são mais importantes do que as técnicas.
3) O uso de tecnologia deve ser incorporado ao ensino de Estatística, permitindo grandes possibilidades de simulações e mostrando que o cálculo pode ser feito pela máquina, mas a análise dos dados, interpretações e tomada de decisões, não.
4) A aprendizagem de Estatística fazendo estatística é a chave da motivação. Smith (1998) afirma que trabalhos com projetos nos quais os alunos coletam dados, organizam esses dados, apresentam e interpretam resultados, produzem relatórios, gráficos, pareceres, etc. têm se mostrado extremamente frutífero para que as metas listadas acima sejam, ao menos parcialmente, alcançadas. Para isso, é necessário produzir exemplos que tenham significação prática para os alunos. Em probabilidade, por exemplo, as questões envolvendo urnas e bolas coloridas não têm muito significado em termos práticos para os estudantes.
5) Os alunos devem ser incitados a argumentar, interpretar e analisar, mais do que a calcular ou desenhar.
6) A implementação de estratégias de aprendizagem colaborativa e o encorajamento do trabalho em grupo têm suscitado

casos de sucesso, como apontado por vários autores como Garfield (1998), Dietz (2009) e Smith (1998).
7) As avaliações devem estar voltadas para o cumprimento das metas, e não para cálculos e aplicações de fórmulas.

A respeito do item (4), o *learning by doing*, inspirado no trabalho de Smith (1998), defendemos também a mudança do foco das aulas, que não deve ser no professor, mas sim nos alunos, substituindo leituras recebidas passivamente por atividades práticas de pesquisa. A preocupação em desenvolver um trabalho centrado no aluno, com base em situações concretas e de cunho significativo para ele, privilegiando a investigação, a discussão e a análise crítica da realidade, se contrapõe ao que Skovsmose (2000) chama de paradigma do exercício – denominação dada pelo autor à situação pedagógica na qual o professor apresenta conceitos e técnicas matemáticas e os alunos trabalham os exercícios.

Nessa direção, as atividades de investigação criam condições para os estudantes pensarem estatisticamente, formulando hipóteses, elaborando estratégias de validação dessas hipóteses, criticando, preparando relatórios escritos e comunicando oralmente os resultados obtidos. Smith (1998) apresenta um apêndice com várias ideias de trabalhos, assim como igualmente o fazem Batanero (2001) e Wodewotzki e Jacobini (2004).

Paralelamente ao desenvolvimento dessas metas e estratégias, autores como Rumsey (2002), Garfield (1998), Chance (2002) e delMas (2002) publicaram estudos baseados em pesquisas sobre os objetivos dos cursos de Estatística, nos quais eles defendem que o planejamento da instrução deve pender para o desenvolvimento de três importantes competências: a literacia estatística, o raciocínio estatístico e o pensamento estatístico, sem os quais não seria possível aprender (ou apreender) os conceitos fundamentais dessa disciplina.

Usamos competências para acolher os significados pedagógicos estatísticos de literacia, pensamento e raciocínio, como descrito por Perrenoud (2000). Para esse autor, competência é a faculdade de mobilizar um conjunto de recursos cognitivos (saberes, capacidades, informações, etc.) para solucionar, com pertinência e eficácia, uma série de situações. Ele acredita que a escola se preocupa mais com ingredientes de certas competências, e bem menos em colocá-las em sinergia nas situações complexas, mas é preciso destacar que a transferência e a mobilização de capacidades e de conhecimentos não ocorrem espontaneamente; é preciso trabalhá-las e treiná-las. Explicitando os objetivos da formação em termos de competência, lutamos abertamente contra a tentação de ensinar por ensinar, de marginalizar as referências às situações da vida.

Ainda segundo Perrenoud, a abordagem por competências é uma maneira de encarar seriamente o desafio de transferir conhecimentos. A descrição das competências deve partir da análise de situações, da ação, e disso derivar conhecimentos. Nessa linha, para desenvolver competências é essencial trabalhar por problemas e por projetos, propor tarefas complexas e desafios que incitem os alunos a mobilizar seus conhecimentos e, em certa medida, completá-los. Isso está ligado a uma pedagogia ativa, cooperativa e aberta para a sociedade, o que vai ao encontro dos pressupostos da EE que aqui defendemos.

Resumidamente, já que abordaremos essas competências no próximo capítulo, a *literacia* estatística pode ser vista como o entendimento e a interpretação da informação estatística apresentada, o *raciocínio* estatístico representa a habilidade para trabalhar com as ferramentas e os conceitos aprendidos e o *pensamento* estatístico leva a uma compreensão global da dimensão do problema, permitindo ao aluno questionar espontaneamente a realidade observada por meio da Estatística.

Não há uma hierarquia entre essas capacidades, mas de certa forma há uma relação intrínseca entre elas. DelMas (2002) propõe duas interpretações para a relação entre elas. Na primeira, cada competência tem um domínio independente das demais, ao mesmo tempo que existem interseções parciais entre dois domínios e uma parte de interseção das três competências. Se essa perspectiva está correta, é possível desenvolver uma competência independentemente das outras, ao mesmo tempo que devem existir atividades que enfatizam as três capacidades simultaneamente (Fig. 1).

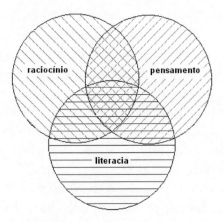

**Figura 1** - Domínios independentes, com alguma interseção

Fonte: DELMAS, 2002, p. 4.

Numa segunda interpretação, o autor apresenta a literacia estatística como uma competência de abrangência geral, com o pensamento e o raciocínio incluídos em seu domínio. Um cidadão estatisticamente competente (ou seja, estatisticamente letrado) tem o pensamento e o raciocínio totalmente desenvolvidos. Essa interpretação é mais abrangente, mas mais difícil de ser perseguida, pois aparentemente requer do aluno uma grande vivência na disciplina, tanto dentro como fora da sala de aula (Fig. 2).

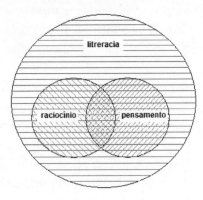

**Figura 2** - Raciocínio e pensamento contidos na literacia

Fonte: delMAS, 2002, p. 4.

De qualquer forma, em ambos os diagramas pode-se notar que existe interseção entre as três capacidades. Também podemos concluir que devem existir conteúdos nos quais um dos domínios é predominante. DelMas (2002) entende que, num conteúdo específico, podem-se perseguir abordagens que enfatizem cada uma das três capacidades independentemente, e ainda dentro do mesmo conteúdo podem ser desenvolvidas atividades que verifiquem as três competências simultaneamente.

Mas o debate principal concentra-se em COMO desenvolver essas três competências. Entendemos, em acordo com os autores aqui referenciados, que elas não podem ser desenvolvidas mediante instrução direta dos educadores. A ideia é a de que os professores possam atuar junto aos aprendentes de modo a favorecer a *vivência dessas capacidades*, possibilitando assim a *construção* e o *desenvolvimento* contínuo delas.

Essas capacidades devem, sobretudo, representar os objetivos a serem perseguidos pelos professores no âmbito do ensino de Estatística. Dessa forma, como ressalta DelMas (2002), não é possível assumir que a literacia, o raciocínio, e o pensamento estatísticos vão surgir nos estudantes se não forem tratados explicitamente como objetivos pelos professores. Além disso, esses objetivos têm de ser perseguidos pelos professores mediante a elaboração de estratégias de sala de aula planejadas para esse fim e da preparação de avaliações que requeiram dos estudantes uma demonstração do desenvolvimento dessas capacidades. Isso sugere que os professores devem coordenar os objetivos do curso com as atividades de sala de aula e as avaliações, de forma que somente quando essa coordenação for realizada existirá um retorno significativo para os alunos e para o professor.

Uma forma eficiente de propiciar aos alunos o desenvolvimento das três capacidades apresentadas e, ainda, perseguir as metas de ensino de Estatística, trabalhando na linha do *aprender fazendo*, é desenvolver projetos com os alunos. No contexto da modelagem matemática, esse tipo de trabalho pode ser bastante eficiente e costuma apresentar resultados satisfatórios quando é apropriadamente planejado (CAMPOS, 2007).

Diante desse quadro que diagnosticamos para a EE, apresentaremos, na sequência, um estudo mais aprofundado a respeito da literacia estatística, do pensamento estatístico e do raciocínio estatístico. A ideia é mostrar, com detalhes, cada uma dessas três competências, quais suas características principais e quais as formas de valorizá-las e desenvolvê-las.

Faremos, no Capítulo II, uma aproximação da EE com a modelagem matemática e com a Educação Crítica, evidenciando suas interfaces, suas interações e complementações, mostrando que elas conjugam objetivos e propósitos.

Por fim, apresentaremos alguns projetos de ensino de Estatística que foram desenvolvidos em sala de aula, nos quais trabalhamos as metas, as competências e as possibilidades de integração com a Educação Crítica, dentro de um ambiente de modelagem matemática.

Capítulo I

# A literacia, o pensamento e o raciocínio estatísticos

Como mencionamos na Introdução, a EE emergiu como uma importante área de pesquisa para enfrentar os problemas do ensino e da aprendizagem dos diversos conteúdos de Estatística em todos os níveis escolares. Com isso, torna-se também importante construir um canal de conexão entre as pesquisas e o trabalho do professor em sala de aula. Neste capítulo pretendemos fundamentar os aspectos teóricos da EE, ao mesmo tempo que procuramos mostrar como eles se apresentam na prática do professor. Fazemos uma aproximação teoria-prática, visando contribuir para uma melhor assimilação da Estatística por parte dos alunos.

São muitos os desafios da EE. O crescente número de pesquisas nessa área nos mostra a existência de diversas correntes de pensamentos, e as abordagens trazem diversos focos de enfrentamento das problemáticas pedagógicas dessa disciplina. Nosso olhar sobre a evolução dessas pesquisas e nossa experiência como professores e como pesquisadores nos faz acreditar que, ao centrar nossas atenções para o desenvolvimento das competências de literacia, raciocínio e pensamento estatísticos, estaremos abarcando todos os demais aspectos importantes da EE, como a discussão sobre o uso de tecnologia no ensino, o debate sobre a relevância do cálculo matemático, a importância do desenvolvimento de conceitos, as problemáticas de avaliação, as ligações entre a Estatística e a vida real, a formação de um cidadão crítico, etc.

Dessa forma, abordaremos as três competências, mostrando como elas evoluíram com o passar do tempo, como elas se manifestam nas atividades em sala de aula e como o professor pode agir para estimular o seu desenvolvimento. Em nossa abordagem, procuramos observar como as competências se inter-relacionam e, no capítulo seguinte, vamos mostrar como elas se aproximam da Educação Crítica nos trabalhos com projetos de modelagem matemática.

## A literacia estatística

Alguns dos maiores avanços no campo da Educação Estatística foram obtidos pela colaboração entre os estatísticos e os educadores matemáticos num projeto desenvolvido na década de 1980, nos Estados Unidos, chamado Quantitative Literacy Project (QLP). Acredita-se que o QLP, ao abraçar as modernas ideias da pedagogia e enfatizar o entendimento e a comunicação, deu início a uma revolução no ensino de Estatística. Scheaffer (1990), o líder desse projeto, com seu olhar voltado para a sala de aula de Estatística, descreveu assim os princípios do QLP:

- análise de dados é a principal ação pedagógica;
- Estatística não é probabilidade;
- medidas como a mediana e os quartis (amplitude quartílica) devem desempenhar um papel tão importante quanto a média e a variância;
- há mais de uma maneira de trabalhar um problema em Estatística;
- devem ser usados dados reais e de interesse dos alunos;
- ênfase deve estar em bons exemplos e na valorização da intuição;
- estudantes devem escrever mais e calcular menos;
- Estatística ensinada nas escolas deve ser importante e útil para os estudantes em seu cotidiano.

O termo literacia,[4] que deu nome ao QLP, nos remete à habilidade de ler, compreender, interpretar, analisar e avaliar textos escritos. A literacia estatística refere-se ao estudo de argumentos que usam a estatística como referência, ou seja, à habilidade de argumentar usando corretamente a terminologia estatística. Entendemos que a literacia estatística inclui também habilidades básicas e importantes que podem ser usadas no entendimento de informações estatísticas. Essas habilidades incluem as capacidades de organizar dados, construir e apresentar tabelas e trabalhar com diferentes representações dos dados. A literacia estatística também inclui um entendimento de conceitos, vocabulário e símbolos e, além disso, um entendimento de probabilidade como medida de incerteza.

Essa visão de literacia tem sofrido, ao longo do tempo, muitas variações entre os diversos pesquisadores sobre o assunto. Com o avanço da EE, diferentes autores foram introduzindo perspectivas mais abrangentes para essa competência. Em uma sequência cronológica dos acontecimentos, comentamos essas perspectivas.

Como um dos autores que começaram a desenvolver o conceito de literacia estatística, Haack (1979) enfatizou elementos que são basicamente relacionados com a dimensão técnica do conhecimento estatístico.

Watson (1997) entende a literacia como sendo a capacidade de compreensão do texto e do significado das implicações das informações estatísticas inseridas em seu contexto formal e identifica três estágios de seu desenvolvimento:

1) o do entendimento básico da terminologia estatística;
2) o do entendimento da linguagem estatística e dos conceitos inseridos num contexto de discussão social;
3) o do desenvolvimento de atitudes de questionamento nas quais se aplicam conceitos mais sofisticados para contradizer alegações que são feitas sem fundamentação estatística apropriada.

Garfield (1998) vê a literacia estatística como sendo o entendimento da linguagem estatística, ou seja, sua terminologia, símbolos e

---

[4] Tradução do inglês *literacy*. Alguns autores preferem traduzir como "letramento".

termos, a habilidade em interpretar gráficos e tabelas, em entender as informações estatísticas dadas nos jornais e outras mídias.

Sedlmeier (1999) afirma que a literacia é a arte de extrair inferências racionais com base em uma abundância de números e informações providas pela mídia diariamente e se configura como uma capacidade indispensável para o exercício da cidadania, tanto quanto ler e escrever.

Rumsey (2002) identifica os componentes da literacia, relacionando-a com a educação para a cidadania. Segundo a autora, para os alunos se tornarem bons cidadãos estatísticos, eles devem entender o suficiente para consumir as informações que permeiam nossa vida diariamente, sendo capaz de pensar criticamente sobre essas informações, de modo a tomar boas decisões com base nelas. Através da literacia estatística é possível distinguir dois tipos de objetivos de aprendizagem nos estudantes: (i) ser capaz de atuar como um membro educado da sociedade em uma era de informação e (ii) ter uma boa base de entendimento dos termos, ideias e técnicas estatísticas. Esses objetivos podem ser colocados em duas diferentes identificações. Referindo-se ao conhecimento básico que subjaz ao pensamento e ao raciocínio estatístico, ela o identifica como *competência estatística*. Referindo-se ao desenvolvimento de habilidades para atuar como uma pessoa educada na era da informação, ela o identifica como *cidadania estatística*.

Rumsey identifica ainda cinco componentes principais inerentes à competência estatística. São eles:

1) o do conhecimento sobre dados;
2) o do entendimento de certos conceitos básicos de estatística e de sua terminologia;
3) o do conhecimento sobre a coleta de dados e sobre a geração de estatísticas descritivas;
4) o da habilidade de interpretação básica para descrever o que o resultado significa para o contexto do problema;
5) o da habilidade de comunicação básica para explicar os resultados a outrem.

Para promover *conhecimento* e *consciência sobre dados*, é importante prover contextos relevantes para as ideias apresentadas em classe. Para os estudantes, é muito importante que eles possam perceber por que os dados foram coletados e o que o pesquisador quer fazer com eles. Os estudantes não sabem *a priori* por que eles precisam saber os conceitos estatísticos. O trabalho com exemplos relevantes e interessantes os fará apreciar a importância do conhecimento estatístico.

O entendimento dos conceitos básicos de Estatística deve preceder o cálculo. Antes de usar as fórmulas, os estudantes devem perceber a utilidade, a necessidade de uma certa estatística. Por exemplo, em uma pesquisa de opinião, como sobre intenção de votos em períodos eleitorais, antes de se pensar no dimensionamento da amostra, na construção de tabelas, na exploração de porcentagens, etc., o estudante deve, primeiramente, compreender o contexto em que tal estudo será realizado, os objetivos do projeto e de que maneira as técnicas estatísticas contribuirão para a inferência dos resultados.

Ainda em relação ao entendimento dos conceitos, Rumsey aconselha o professor a ser seletivo no que ele ensina, ou seja, não é porque um conteúdo está no livro-texto que ele tem que ser ensinado. Promover o COMO em detrimento do PORQUÊ no ensino de Estatística é um erro. Muitas vezes os cálculos se tornam um obstáculo para os estudantes, sem a necessidade de sê-lo. Um exemplo: saber a fórmula do desvio padrão ajuda em quê o entendimento dessa grandeza? Não significa que não devemos apresentar esta e outras fórmulas, mas sim que devemos explicar os seus significados e incentivar o uso da informática nos cálculos a fim de valorizar mais as interpretações dos resultados.

Dar aos estudantes a oportunidade de *produzir os próprios dados* e encontrar os resultados básicos ajuda-os a tomar as rédeas de seu próprio aprendizado. Também promove a habilidade de assumir a responsabilidade de resolver seus problemas, como eles terão que fazer em seu ambiente de trabalho. É possível solicitar aos estudantes que não apenas coletem os seus dados, mas, igualmente, elaborem as variáveis que irão compor seus questionários. Isso os ajuda a descobrir ou determinar métodos e técnicas por si próprios.

Em relação à *interpretação em nível básico*, um exemplo pode esclarecer a ideia: quando os estudantes fazem um teste de hipótese e chegam a uma decisão (rejeitar $H_0$ ou não rejeitar $H_0$), será que eles sabem por que estão tomando essa decisão, ou melhor, o que essa decisão implica em relação aos dados originais do problema? A habilidade de interpretar a informação estatística e escrever conclusões próprias é crítica num ambiente de trabalho, e aqueles que são bons nisso serão mais capazes de avançar e obter sucesso em suas profissões.

*Habilidade de comunicação estatística* envolve ler, escrever, demonstrar e trocar informações estatísticas. Enquanto a interpretação demonstra o entendimento do próprio estudante em relação às ideias estatísticas, a comunicação envolve a passagem dessa informação para outra pessoa de uma forma que ambas irão entendê-la. Comunicação envolve traduzir alguma coisa de uma linguagem, estilo ou notação para outra. Os recrutadores de candidatos a novos empregos utilizam esse critério como chave para fazer a seleção. Para desenvolver essa habilidade de comunicação os estudantes devem ser expostos a situações nas quais têm de explicar seus resultados para convencer outras pessoas das suas ideias. E essa comunicação pode ser oral ou escrita (ou ambas). Por exemplo, o professor pode pedir aos alunos para escreverem uma carta para o editor de um jornal explicando por que um gráfico que mostra o número de crimes em um determinado período de tempo, comparado com o ocorrido dez anos antes, deve conter também os tamanhos das populações em cada uma das épocas analisadas.

Gal (2004) foi mais conciso na caracterização da literacia estatística e enfatizou que esta refere-se, principalmente, a dois componentes inter-relacionados:

1) a habilidade das pessoas em interpretar e avaliar criticamente as informações estatísticas, os argumentos relacionados com dados de pesquisas e os fenômenos estocásticos que podem ser encontrados em diversos contextos;
2) a habilidade das pessoas para discutir ou comunicar suas reações a essas informações estatísticas, tais como suas interpretações, suas opiniões e seus entendimentos sobre o seu significado.

Para Gal essas habilidades não devem ser tratadas isoladamente e elas estão correlacionadas entre si, com uma série de conhecimentos estatísticos e com atitudes que devem ser desenvolvidas e valorizadas nos estudantes.

Assim, segundo essa visão, o entendimento e a interpretação da informação estatística requerem que o estudante tenha conhecimentos estatísticos e matemáticos, além do conhecimento do contexto do problema. Contudo, a avaliação crítica da informação depende de elementos adicionais, tais como a atitude de fazer questionamentos, não tratando passivamente as informações que lhe são disponibilizadas e os resultados que são obtidos.

Ainda de acordo com Gal, para ir além desses conhecimentos, os educadores devem estimular atitudes de diálogo, de discussão, de valorização dos estudantes e de suas ideias e interpretações, quando confrontados com mensagens do mundo real que contêm elementos e argumentos estatísticos em si.

Kader e Perry (2006), em seus estudos sobre a literacia estatística, afirmam que um estudante, por meio dessa competência, saberá como interpretar os dados contidos em um jornal e fará questionamentos sobre as informações estatísticas ali presentes. No seu trabalho, ele se sentirá confortável ao manipular os conhecimentos estatísticos necessários para tomar as decisões, além de ser capaz de fazer asserções sobre os assuntos estatísticos relacionados com a sua vida pessoal em geral.

Esses posicionamentos sobre a literacia estatística vão ao encontro das recomendações contidas no GAISE,[5] que sugerem que, na sala de aula, o professor trabalhe preferencialmente a interpretação e a crítica de artigos veiculados pela mídia. A literacia, nesse documento, é resumidamente definida como o entendimento básico das ideias fundamentais da Estatística.

Assim, resumidamente e como posto em Campos (2007), para melhorar a literacia estatística dos estudantes é preciso que eles

---

[5] *Guidelines for Assessment and Instruction in Statistics Education* é um documento aprovado em 2005 pela ASA que propõe, entre outras coisas, que o ensino de Estatística deve estimular o desenvolvimento das três competências (literacia, pensamento e raciocínio estatístico).

aprendam a usar a Estatística como evidência nos argumentos encontrados em sua vida diária como trabalhadores, consumidores e cidadãos. Além disso, ensinar Estatística com base em assuntos do dia a dia tende não apenas a melhorar a base de argumentação dos estudantes, mas também aumentar o valor e a importância que eles dão a essa disciplina.

## O raciocínio estatístico

Oriundo do latim *reri, ratus, ratiocinium*, o nome raciocínio mantém a carga etimológica e semântica do étimo, que significa *contar, contado, conta*. O *Dicionário Aurélio* nos ensina que raciocínio é o ato ou efeito de raciocinar, é um encadeamento, aparentemente lógico, de juízos ou pensamentos. Por sua vez, raciocinar é usar a razão para conhecer, para julgar a relação de coisas, fazer cálculos, deduzir razões, discorrer. Para a filosofia, raciocínio é aquele que opera mediante comparações complexas, para a obtenção de novos resultados de conhecimento, progredindo de um termo para outro e deste para outro mais.[6] Nosso estudo se refere a um tipo específico de raciocínio, o qual a EE chama de raciocínio estatístico.

Garfield (2002) define o raciocínio estatístico como a maneira tal qual uma pessoa raciocina com ideias estatísticas e faz sentido com as informações estatísticas. Isso envolve fazer interpretações baseadas em conjuntos de dados, representações ou sumários estatísticos dos dados na forma de gráficos e de tabelas, etc. Em muitos casos, o raciocínio estatístico envolve ideias de variabilidade, distribuição, chance, incerteza, aleatoriedade, probabilidade, amostragem e testes de hipóteses, o que leva a interpretações e inferências acerca dos resultados. O raciocínio estatístico pode ainda envolver a conexão de um conceito com outro (centro e variabilidade, por exemplo), ou pode combinar ideias sobre dados e chance. Raciocínio estatístico também significa entender um processo estatístico e ser capaz de

---

[6] ENCICLOPÉDIA SIMPOZIO. Versão em português do original em esperanto (1997). Disponível em: <http://www.simpozio.ufsc.br/Port/1-enc/y-micro/SaberFil/PeqLogica/2211y086.html>.

explicá-lo, além de interpretar por completo os resultados de um problema baseado em dados reais. Como diz Ben-Zvi (2008), essas habilidades são muito importantes, todos os cidadãos devem possuí-las e entendê-las e elas devem constituir um ingrediente padrão na educação de todo estudante.

Moore (1992) diferencia o raciocínio estatístico do raciocínio matemático. Para o autor, a Estatística tem sua própria substância, seus próprios conceitos e modos de raciocínio. Esses devem formar o núcleo do ensino de Estatística para os iniciantes em qualquer nível.

Gal e Garfield (1997), no que concerne ao raciocínio, fazem também uma distinção entre a Estatística e a Matemática. Para tanto se baseiam, principalmente, nas seguintes ideias:

- Na Estatística, os dados são vistos como números inseridos num certo contexto, no qual atuam como base para a interpretação dos resultados.
- Os conceitos e procedimentos matemáticos são usados como parte da solução de problemas estatísticos. Entretanto, a necessidade de buscar resultados mais expressivos ou acurados tem levado à utilização crescente da tecnologia, principalmente de computadores e de *softwares*, que se encarregam da parte operacional.
- Uma característica fundamental de muitos problemas estatísticos é a de que eles comumente não têm uma única solução matemática. Os problemas de Estatística geralmente começam com um questionamento e terminam com uma opinião, que se espera que seja fundamentada em certos conceitos teóricos e resultados práticos. Os julgamentos e as conjecturas expressos pelos estudantes frequentemente não podem ser caracterizados como certos ou errados. Em vez disso, eles são analisados quanto à qualidade de seu raciocínio, à adequação e aos métodos empregados para fundamentar as evidências.

Garfield e Gal (1999) estabelecem alguns tipos específicos de raciocínio que são desejáveis que os estudantes desenvolvam em suas aprendizagens de Estatística:

- *Raciocínio sobre dados:* reconhecer e categorizar os dados (qualitativos, quantitativos discretos ou contínuos), entender como cada tipo de variável leva a um tipo particular de tabela, gráfico ou medida estatística.
- *Raciocínio sobre representação dos dados:* entender como ler e interpretar gráficos, como cada tipo de gráfico é apropriado para representar um conjunto de dados; reconhecer as características gerais de uma distribuição pelo gráfico, observando a forma, o centro e a variabilidade.
- *Raciocínio sobre medidas estatísticas:* entender o que as medidas de posição e variabilidade dizem a respeito do conjunto de dados, quais são as medidas mais apropriadas em cada caso e como elas representam esse conjunto. Usar as medidas de posição central e de variabilidade para comparar diferentes distribuições e entender que amostras grandes são melhores do que as pequenas para se fazer previsões.
- *Raciocínio sobre incerteza:* entender e usar as ideias de chance, aleatoriedade,[7] probabilidade e semelhança para fazer julgamentos sobre eventos, usar métodos apropriados para determinar a semelhança de diferentes eventos (como simulações com moedas ou diagramas de árvore, que ajudam a interpretar diferentes situações).
- *Raciocínio sobre amostras:* entender como as amostras se relacionam com a população e o que pode ser inferido com base nelas, além de compreender que amostras grandes e bem selecionadas (em relação à aleatoriedade) representarão melhor a população. Tomar precauções quando examinar a população com base em pequenas amostras.
- *Raciocínio sobre associações:* saber julgar e interpretar as relações entre variáveis, em tabelas de dupla entrada ou em gráficos, além de entender que uma forte correlação entre duas variáveis não significa necessariamente uma relação de causa e de efeito entre elas.

---

[7] O termo "aleatoriedade", conforme Batanero (2001, p. 73-78), compreende uma família de conceitos. Em sua obra, ela relata diversos tipos de raciocínio pertinentes à ideia de aleatoriedade.

Do mesmo modo que é preciso tomar medidas para estimular o raciocínio estatístico, também se torna necessário estabelecer maneiras eficazes de avaliar esse desenvolvimento nos estudantes. Espera-se que métodos apropriados de avaliação sejam efetivados para revelar como os alunos raciocinam sobre as ferramentas estatísticas, como eles interpretam os resultados e tiram suas conclusões. A habilidade de um estudante em calcular a média aritmética e o desvio padrão, por exemplo, pouco esclarece sobre o seu entendimento do assunto. Essa habilidade de cálculo, ou mesmo do uso de modelos apropriados, não indica necessariamente que o estudante compreende o tipo de informação que pode ser obtida com base nessas medidas e também o que elas podem revelar sobre o conjunto de dados.

Raciocínios incorretos, frequentemente baseados no senso comum ou no entendimento sobre assuntos estatísticos sem base formal, são comuns nos estudantes. Alguns desses raciocínios incorretos, identificados por Kahneman, Slovic e Tversky (1982), Konold (1989) e Lecoutre (1992), são:

- *Sobre a média:* a média é o número mais comum, ou seja, tratam a média como moda. Os conjuntos de dados devem sempre ser comparados exclusivamente pelas suas médias ao invés de considerar a necessidade de outras medidas. Para encontrar a média, somamos todos os números e dividimos o resultado pela quantidade de números somados (incluindo os *outliers*[8]).
- *Sobre a probabilidade:* modelos intuitivos de probabilidade levam os estudantes a tomar decisões do tipo sim/não ao invés de examinar a situação globalmente. Por exemplo, se a previsão do tempo afirma que há 70% de chance de chover, acredita-se de imediato que efetivamente vai chover e, se não chove, diz-se que a previsão errou.
- *Sobre a amostragem:* imaginar que, para uma amostra ser representativa, ela tem de ser grande, não importando como ela

---

[8] O termo *"outlier"* refere-se a dados discrepantes, ou seja, que se distanciam muito dos demais dados da série.

foi escolhida, ou seja, negligenciar o processo de amostragem como fator importante para a representatividade da população.
- *Sobre a lei dos pequenos números:* pequenas amostras são usadas como base para inferências e generalizações acerca da população.
- *Sobre representatividade e equiprobabilidade:* uma amostragem de cara ou coroa é considerada melhor se apresentar uma quantidade semelhante de caras e de coroas, enquanto uma amostragem com mais caras do que coroas é considerada ruim.

Batanero (2001) também se interessa pelos raciocínios incorretos e apresenta, na área de probabilidade, diversos exemplos. Um deles relaciona-se com o conhecimento de que a probabilidade de uma criança nascer homem (H) é aproximadamente igual à de nascer mulher (M). E, com base nesse fato, pergunta qual sequência, em seis nascimentos, é mais provável de ocorrer: a) HMMHMH; b) HMMMHH; c) as duas têm igual probabilidade. O raciocínio errado em questão é o de escolher a letra *a* ou a letra *b*, pois as duas configurações têm a mesma chance de ocorrer.

Desenvolver o raciocínio estatístico nos estudantes não é uma tarefa simples. Muitos autores afirmam que não é possível fazê-lo por instrução direta e notam pouco ou nenhum progresso, mesmo quando as recomendações dos pesquisadores são seguidas. Nessa linha, Sedlmeier (1999) afirma que o raciocínio estatístico raramente é ensinado, e quando o é, raramente é bem-sucedido. Já Nisbett (1993) defende que o raciocínio estatístico das pessoas pode ser aprimorado se elas aprenderem as regras estatísticas, e estas podem ser ensinadas por meio de instrução direta.

Garfield (1998), entretanto, observa que os professores não ensinam especificamente os estudantes a usar e aplicar o raciocínio estatístico. Ao contrário, eles ensinam conceitos e procedimentos, promovem o trabalho com dados reais, com *softwares*, e esperam que o raciocínio estatístico se desenvolva como um resultado desse trabalho.

Dessa forma, vemos que não há um consenso entre os pesquisadores sobre como ajudar os estudantes a desenvolver o raciocínio estatístico ou como determinar precisamente o seu grau de evolução. Garfield (2002) identifica cinco níveis de raciocínio estatístico no intuito de estabelecer uma forma de classificar o seu desenvolvimento nos estudantes:

- *Nível 1 – Raciocínio idiossincrático*. O estudante sabe algumas palavras e símbolos estatísticos, usa-os mesmo sem entendê-los completamente e mistura-os com informações não relacionadas. Por exemplo, os estudantes aprendem os conceitos de média, mediana e desvio padrão como medidas de resumo numérico, mas fazem uso incorreto deles, comparando a média com o desvio padrão ou fazendo julgamentos isoladamente sobre uma boa média ou um bom desvio padrão.
- *Nível 2 – Raciocínio verbal*. O estudante tem entendimento verbal de certos conceitos, mas não aplica isso em seu comportamento. Nesse nível, o estudante pode selecionar ou prover uma correta definição, mas não entende completamente o seu conceito. Por exemplo, por que a média é maior que a mediana em distribuições com assimetria positiva.
- *Nível 3 – Raciocínio transicional*. O estudante é capaz de identificar corretamente uma ou duas dimensões de um processo estatístico, mas sem integrar completamente essas dimensões. Por exemplo, uma amostra maior leva a um intervalo de confiança menor, um desvio padrão menor leva a um intervalo de confiança menor.
- *Nível 4 – Raciocínio processivo*. O estudante é capaz de identificar corretamente as dimensões de um conceito ou processo estatístico, mas não integra completamente essas dimensões ou não entende o processo por completo. Por exemplo, o estudante sabe que a forte correlação entre duas variáveis não implica necessariamente que uma causa a outra, mas não consegue explicar o porquê dessa não implicação.
- *Nível 5 – Raciocínio processual integrado*. O estudante tem um completo entendimento sobre um processo estatístico, coordenando as regras e o comportamento da variável. Ele pode até mesmo explicar o processo com suas próprias palavras e com

confiança. Por exemplo, o estudante pode explicar o que um intervalo de confiança de 95% significa em termos do processo se obtiver uma distribuição amostral de uma população.

Apresentamos a seguir um quadro resumido desses níveis de raciocínio:

| Nível | Designação | Característica |
|---|---|---|
| 1 | Idiossincrático | Usa palavras e símbolos sem entendê-los completamente, misturando informações não relacionadas. |
| 2 | Verbal | Verbaliza conceitos corretamente, mas não aplica isso em seu comportamento. |
| 3 | Transicional | Identifica uma ou duas dimensões de um processo estatístico, mas não integra completamente essas dimensões. |
| 4 | Processivo | Identifica as dimensões de um conceito ou processo estatístico, mas não entende o processo por completo. |
| 5 | Processual Integrado | Completo entendimento sobre um processo estatístico, coordenando as regras e o comportamento da variável e explicando o processo com suas próprias palavras. |

DelMas (2002) afirma que o desenvolvimento do raciocínio estatístico deve configurar um objetivo explícito no ensino de Estatística. Para isso o autor diz que devem ser feitas atividades em sala de aula que vão além da aprendizagem de procedimentos, para, assim, valorizar métodos que exijam dos estudantes um conhecimento mais profundo dos processos estocásticos. Assim como Campos (2007), acreditamos que é possível ajudar os estudantes a desenvolver o raciocínio estatístico. Para tanto, certos procedimentos como o incentivo à descrição verbal ou escrita do processo estatístico que está sendo analisado devem ser incorporados ao dia a dia da sala de aula.

Atividades que desafiam os estudantes a explicar o que faz um desvio padrão ser maior ou menor podem, por exemplo, ajudar no desenvolvimento do raciocínio sobre a variabilidade. Atividades que permitem uma simulação visual de amostras de uma população, variando o tamanho da amostra ou os parâmetros da população, ajudam os estudantes a desenvolver o raciocínio sobre distribuição amostral.

Se os professores estiverem atentos aos tipos de raciocínio que precisam reforçar em seus estudantes, podem promover atividades para ajudar a desenvolvê-los. Da mesma forma, podem proporcionar atividades nas quais possam avaliar o nível de desenvolvimento do raciocínio dos estudantes, para melhor direcionar suas aulas e assim favorecer o aprendizado dos seus alunos. Acreditamos que isso não seja uma tarefa simples, mas o entendimento da hierarquização dos níveis de desenvolvimento do raciocínio estatístico, conforme apresentado por Garfield, nos dá uma ideia de que os erros dos alunos podem fornecer importantes informações sobre suas falhas de raciocínio. Observando isso, o professor pode procurar desenvolver estratégias que possibilitem o enfrentamento e a superação dessas falhas por conta do desenvolvimento correto do raciocínio estatístico.

Apesar do que foi exposto até aqui, cremos que mais pesquisas são necessárias, tanto para detalhar e descrever os processos cognitivos e as estruturas mentais que os estudantes desenvolvem durante a instrução, quanto para se determinar quais atitudes devem ser valorizadas para melhor desenvolver o raciocínio estatístico.

Na tentativa de fornecer mais indicações sobre como desenvolver a capacidade de raciocinar estatisticamente, Garfield e Ben-Zvi (2008) descrevem o que eles chamam de Ambiente de Aprendizagem do Raciocínio Estatístico (AARE), no qual estabelecem seis princípios que combinam sugestões de atividades de classe, textos, discussões, tecnologia, procedimentos de ensino e de avaliação. São eles:

1) Foco no desenvolvimento das ideias centrais da estatística ao invés de apresentar conjuntos de ferramentas e procedimentos. Trata-se de vários conceitos, de forma que os estudantes desenvolvam um nível profundo de conhecimento. Entre esses conceitos, destacam-se as ideias de: dados, distribuição,

variabilidade, centro, modelos estatísticos, aleatoriedade, correlação, amostragem e inferência estatística.

2) Uso de dados reais e motivadores para engajar os estudantes na confecção e no teste de conjecturas. Os dados constituem o núcleo do trabalho estatístico, assim os estudantes devem conhecer os métodos de coleta e como esses métodos afetam a qualidade dos dados. Além disso, devem ser trabalhados dados que tenham relevância para os alunos, em contextos que sejam do interesse deles.

3) Uso de atividades de classe para dar suporte ao desenvolvimento do raciocínio estatístico. Essas atividades podem ser designadas como *active learning* ou *learning by doing* e devem promover colaboração, interação, discussão, etc.

4) Integração do uso de ferramentas tecnológicas adequadas que permitam aos estudantes testar suas conjecturas, explorar e analisar os dados e desenvolver seu raciocínio estatístico. A tecnologia deve ser usada para analisar os dados, permitindo aos estudantes focar a interpretação dos resultados ao invés de gastar tempo nos cálculos.

5) Promoção de debates que incluam argumentos estatísticos sustentáveis e que foquem nas ideias estatísticas significantes. O ambiente da sala de aula deve ser propício para dar ao estudante a segurança necessária para ele explicar suas ideias, mesmo que sejam suposições. Uma forma de fazer isso é pedir ao aluno para ele explicar seu raciocínio e justificar suas respostas, e depois perguntar a outros estudantes se concordam ou discordam e por quê. O professor deve mostrar que um problema estatístico não necessariamente tem uma resposta correta e, assim, criar na classe um clima favorável para discussões e debates sobre possíveis soluções.

6) Uso de instrumentos de avaliação alternativos para diagnosticar o que os estudantes sabem e para monitorar o desenvolvimento do seu aprendizado de Estatística, assim como para avaliar o programa e seu progresso. Uma forma de fazer isso é pedir aos alunos para elaborarem projetos estatísticos, que permitam aos estudantes proporem ou selecionarem

um problema, obter ou acessar os dados apropriados para sua solução, analisarem os dados e escreverem relatórios ou fazerem apresentações de suas conclusões.

De acordo com Garfield e Ben-Zvi, o papel do professor num AARE é apresentar o problema, guiar a discussão, antecipar concepções distorcidas ou erradas, assim como dificuldades de raciocínio, e certificar-se de que os estudantes estão engajados nas tarefas e que estão superando suas dificuldades. O professor deve saber quando encerrar uma discussão, quando corrigir erros e como prover um bom resumo para as atividades, usando o trabalho que os alunos desenvolveram. Segundo esses autores, o caminho para o desenvolvimento do raciocínio estatístico é o trabalho em grupo, colaborativo, pois assim a aprendizagem fica mais centrada no aluno, na medida em que ele aprende pela experiência e com os outros, ao invés de receber o conhecimento do professor.

## O pensamento estatístico

Com os recentes avanços tecnológicos podemos, nos dias de hoje, focar nossa aula muito mais nos processos estatísticos, em interpretações e em reflexões dos resultados alcançados, do que na valorização de fórmulas e de cálculos. Com esses avanços, que trouxeram a necessidade de novas abordagens pedagógicas, tornou-se um importante desafio para os educadores e pesquisadores desenvolverem uma teoria que explicasse como pensar sobre Estatística Aplicada, ou, mais especificamente, sobre a sua presença na sala de aula.

Temos defendido uma abordagem pedagógica relacionada com o aprender Estatística fazendo Estatística (*learning by doing*). Nessa abordagem o ambiente pedagógico é construído com base em problemáticas que tenham a ver com o cotidiano do estudante, estando elas relacionadas com a sua comunidade, com o seu convívio social ou até mesmo com o seu mundo do trabalho. Nela, procuramos valorizar não apenas os conteúdos programáticos, mas também interpretações de resultados e suas relações com o contexto no qual os problemas estão inseridos. Identificamos esse olhar pedagógico, centrado tanto na compreensão da dimensão completa do problema quanto em investigações, questionamentos e reflexões, com o pensamento estatístico.

Como nas duas seções anteriores, fazemos um resumo do que pensam alguns autores sobre o pensamento estatístico.

Chance (2002) vê como prioritário identificar, inicialmente, o que de fato significa pensar estatisticamente. Depois, questionar sobre a possibilidade de valorizar, em nossos cursos, o pensamento estatístico ou, mais precisamente, como conduzir nossas aulas na direção do desenvolvimento do pensamento estatístico. E, por fim, como, em nossas avaliações, identificar se os estudantes estão pensando estatisticamente.

De acordo com Mallows (1998), podemos, primeiramente, imaginar o pensamento estatístico como sendo a capacidade de relacionar dados quantitativos com situações concretas, admitindo a presença da variabilidade e da incerteza, explicitando o que os dados podem *dizer* sobre o problema em foco. O pensamento estatístico ocorre quando os modelos matemáticos são associados à natureza contextual do problema em questão, ou seja, quando surge a identificação da situação analisada e se faz uma escolha adequada das ferramentas estatísticas necessárias para sua descrição e interpretação.

O entendimento dos padrões e das estratégias de pensamento, usados pelos estatísticos e suas integrações para solucionar problemas reais, é fundamental para desenvolver essa competência nos estudantes.

Uma característica particular do pensamento estatístico é prover a habilidade de enxergar o processo de maneira global, com suas interações e seus porquês, entender suas diversas relações e o significado das variações, explorar os dados além do que os textos prescrevem e gerar questões e especulações não previstas inicialmente. O pensador estatístico, segundo Chance (2002), é capaz de ir além do que lhe é ensinado no curso, questionando espontaneamente e investigando os resultados acerca dos dados envolvidos num contexto específico.

Identificados esses componentes do pensamento estatístico, surge então o desafio de desenvolvê-los nos estudantes. Apesar de não ser possível ensiná-los diretamente aos alunos, acreditamos na viabilidade de trabalhar na valorização de hábitos mentais que permitam aos não estatísticos apreciar melhor o papel e a relevância desse tipo de pensamento, provendo experiências que valorizem e reforcem os tipos de estratégias que desejamos que eles empreguem no tratamento de novos problemas.

Entre esses hábitos mentais e habilidades de resolução de problemas necessários para o pensamento estatístico, Chance (2002) destaca como essenciais:

- a consideração sobre como melhor obter dados significantes e relevantes para responder à questão que se tem em mãos;
- a reflexão constante sobre as variáveis envolvidas e curiosidade por outras maneiras de examinar os dados e o problema que se tem em mãos;
- a visão do processo por completo, com constante revisão de cada componente;
- o ceticismo onipresente sobre a obtenção dos dados;
- o relacionamento constante entre os dados e o contexto do problema e a interpretação das conclusões em termos não estatísticos;
- a preocupação com o pensar além do livro-texto e das notas de aula do professor.

Entendemos que essas considerações não se aplicam em todos os casos, mas podem estar presentes como um pano de fundo na mente dos estudantes sempre que eles forem resolver problemas estatísticos. Os estudos de caso e os trabalhos com projetos podem viabilizar o desenvolvimento desses hábitos mentais. Num trabalho com projetos, nos quais os estudantes têm a responsabilidade de recolher os dados brutos, analisá-los, interpretá-los e divulgá-los através de apresentações oral e escrita, pode-se perceber uma forte aproximação aos hábitos anteriormente descritos.

Segundo Campos (2007), outra forma de encorajar o pensamento estatístico é não aceitar nenhum resultado numérico sem que esse seja relacionado ao contexto, à questão original proposta pelo problema. Em outras palavras, é fundamental que as situações trabalhadas com os estudantes contenham dados com algum significado, devendo-se evitar atividades que envolvem meros cálculos ou reprodução de algoritmos de tratamento de dados puramente numéricos, sem que sua origem seja explicitada e sem que se conheça a finalidade do uso daqueles dados específicos e o contexto em que eles foram obtidos.

Os estudantes devem acreditar nas técnicas que eles utilizam para tratamento dos dados. Para que exista essa crença, é necessário que eles saibam por que estão usando esta ou aquela técnica, ou ainda, como o uso de uma técnica diferente influenciaria os resultados de uma pesquisa. Mas não só isso. A relevância dos dados e das pesquisas deve sempre ser questionada pelos estudantes e encorajada pelos professores. Sobre essa observação, Chance (2002) apresenta um exemplo muito interessante: no início de uma partida de futebol, a emissora de televisão mostra uma estatística na qual afirma que o time X ganhou 11 de 12 partidas de futebol que disputou na condição de vencedor do cara ou coroa que se faz para escolher campo ou bola no início do jogo. Um pensador estatístico imediatamente questionaria a relevância dessa informação. Os esportes em geral e a mídia, em particular, costumam ser generosos provedores desse tipo de estatística.

No processo de avaliação, é importante observar o desenvolvimento do pensamento estatístico nos estudantes. Isso pode ser feito incorporando-se nos instrumentos de avaliação questões relativas aos hábitos de pensamento aqui descritos. O trabalho com projetos é particularmente importante para se avaliar o nível de pensamento estatístico que se encontra presente nos alunos, pois encoraja os estudantes a refletir sobre os processos, criticar seu próprio trabalho, perceber as limitações dos conteúdos que aprenderam e assim observar as diferentes dimensões da teoria e da prática.[9]

---

[9] Entendemos que a teoria não consegue prever todas as situações que podem ocorrer na prática ao "fazer estatística". Na teoria, parece não haver dificuldades. É vivenciando a prática da

Hoerl (1997) defende que o entendimento e a retenção dos conteúdos estatísticos podem ser incrementados se a eles forem apresentados os processos de pesquisa por completo, em precedência ao trabalho com as ferramentas de cálculo. O pensamento estatístico representa um passo importante a ser dado em direção ao entendimento dos conteúdos estatísticos. O desenvolvimento do pensamento estatístico só será evidenciado no momento em que os estudantes demonstrarem suas habilidades espontaneamente, quando colocados frente a problemas abertos. Os estudantes estão habituados a resolver exercícios por meio de cálculos, buscando as *respostas corretas*, que podem ser comparadas com um gabarito colocado no final do livro. Os hábitos de questionar, analisar, escrever justificativas com suas próprias palavras e ideias não são comuns nos estudantes e só serão desenvolvidos se eles forem incentivados com problemas que contribuam tanto para a criatividade e a criticidade em situações novas quanto para a reflexão e o debate.

O pensamento estatístico inclui um entendimento de como os modelos são usados para simular os fenômenos, como os dados são produzidos para estimar probabilidades e como, quando e por que as ferramentas de inferências existentes podem ser usadas para auxiliar um processo investigativo. Também inclui a capacidade de entender e utilizar o contexto do problema numa investigação, tirar conclusões e ser capaz de criticar e avaliar os resultados obtidos.

Pfannkuch e Wild (2004) identificaram cinco tipos de pensamento que eles consideram fundamentais:

1) *Reconhecimento da necessidade de dados*: muitas situações reais não podem ser examinadas sem a obtenção e a análise de dados recolhidos apropriadamente. A obtenção adequada dos dados é um requisito básico para um julgamento correto sobre situações reais.
2) *Transnumeração*:[10] é a mudança de registros de representação para possibilitar o entendimento do problema. Esse

---

Estatística que os estudantes poderão experimentar os reais percalços dos conteúdos vistos em teoria.

[10] Tradução livre do original "*transnumeration*", palavra criada por Pfannkuch e Wild (2004).

tipo de pensamento ocorre quando (i) são encontradas medidas que designam qualidades ou características de uma situação real; (ii) os dados brutos são transformados em gráficos e tabelas; e (iii) os significados e os julgamentos são comunicados de modo a serem corretamente compreendidos por outros.

3) *Consideração sobre a variação*: observar a variação dos dados em uma situação real de modo a influenciar as estratégias utilizadas para estudá-los. Isso inclui tomar decisões que tenham como objetivo a redução da variabilidade, tais como ignorar ou não *outliers* ou controlar as fontes de variação e corrigir possíveis erros de medidas.

4) *Raciocínio com modelos estatísticos*: refere-se a um pensamento sobre o comportamento global dos dados. Pode ser acessado por meio de um estudo de série temporal, por uma regressão, ou simplesmente por uma análise de um gráfico que represente os dados reais.

5) *Integração contextual da Estatística*: é identificada como um elemento fundamental do pensamento estatístico. Os resultados precisam ser analisados dentro do contexto do problema e são validados de acordo com os conhecimentos relacionados a esse contexto.

Para desenvolver esses tipos de pensamento os estudantes devem ser levados a fazer uma revolução interna em seus modos de pensar, abrindo mão de olhar o mundo de forma determinística e adotando uma visão na qual as ideias probabilísticas são centrais e indispensáveis.

Assim, podemos entender que desenvolver o pensamento estatístico significa buscar compreender os modelos de problemas e quais ferramentas de resolução cada modelo descreve, com o objetivo de reconhecer nos problemas reais a aplicabilidade dessas ideias. Para isso, é necessário que as questões de ensino e aprendizagem centralizadas nas etapas que compõem um trabalho quantitativo não configurem um estudo isolado de métodos e de conceitos estatísticos, e que se desenvolvam num contexto significativo para o aluno, com dados reais e, principalmente, obtidos por eles mesmos.

Intrinsecamente ligada ao pensamento estatístico está a capacidade de espontaneamente questionar e investigar os dados e os resultados envolvidos em um contexto específico de um problema. Nas situações de ensino entendemos ser fundamental trabalhar atividades para que os estudantes, guiados pelo pensamento estatístico, sejam levados a pensar além dos dados do problema, a analisar a situação globalmente, a refletir sobre as variáveis envolvidas, a apresentar sempre um alto grau de ceticismo em relação aos resultados obtidos, a relacionar os dados ao contexto do problema e a interpretar as conclusões também em termos não estatísticos.

Como propõem Wodewotzki e Jacobini (2004), em qualquer nível de ensino, o pensamento estatístico pode ser entendido de um lado como uma estratégia de atuação, e de outro, como um pensamento analítico, mais especificamente como um pensamento analítico crítico. Para os autores, a estratégia é um elemento essencial para o planejamento de um trabalho quantitativo simples, tanto para a elaboração de um projeto, a definição de hipóteses e de variáveis, como para a escolha dos sujeitos e para a coleta de dados. Já o pensamento analítico é uma atitude estatística, ou melhor, uma atitude crítica do estudante, não apenas em relação às técnicas, mas, principalmente, em relação aos resultados obtidos no contexto social, político, ambiental, etc. em que os dados encontram-se inseridos. Até mesmo a importante compreensão, por parte dos estudantes, da presença da variabilidade e da incerteza na Estatística é incluída nesse pensamento analítico. A preocupação com o pensamento analítico crítico fundamenta-se na prática educacional crítica, presente nos estudos de Paulo Freire, Ole Skovsmose e Ubiratan D'Ambrósio, a qual ataremos, no capítulo seguinte, com as competências estatísticas.

Neste capítulo nós abordamos três conceitos importantes, discutidos e pesquisados por diversos autores, os quais sintetizamos no quadro a seguir. É importante observar que esses conceitos não são excludentes, mas, pelo contrário, estão interligados e, de certa forma, se complementam.

| Literacia | Diz respeito à habilidade de comunicação estatística, que envolve ler, escrever, demonstrar e trocar informações, interpretar gráficos e tabelas e entender as informações estatísticas dadas nos jornais e outras mídias, sendo capaz de se pensar criticamente sobre elas. |
|---|---|
| Raciocínio | Pode ser categorizado, envolve a conexão ou a combinação de ideias e conceitos estatísticos, significa compreender um processo estatístico e ser capaz de explicá-lo, significa interpretar por completo os resultados de um problema baseado em dados reais. |
| Pensamento | Capacidade de relacionar dados quantitativos com situações concretas, admitindo a presença da variabilidade e da incerteza, escolher adequadamente as ferramentas estatísticas, enxergar o processo de maneira global, explorar os dados além do que os textos prescrevem e questionar espontaneamente os dados e os resultados. |

Capítulo II

# Interfaces com a modelagem matemática e com a Educação Crítica

Com o intuito de favorecer o desenvolvimento da literacia, do pensamento e do raciocínio estatísticos, observamos uma concordância de interesses e objetivos da EE com a modelagem matemática e com a Educação Crítica. Abordamos essa interação, que vemos como interfaces pedagógicas, tendo como horizonte os projetos de modelagem matemática que vamos apresentar no capítulo seguinte. Iniciamos associando o trabalho com projetos com a modelagem matemática, resultando no que identificaremos como projetos de modelagem matemática.

## *Interface com a modelagem matemática*

A aproximação da Estatística com a Matemática abre a possibilidade de fazer uso de alguns princípios filosóficos, presentes na Educação Matemática, voltados, essencialmente, para a elaboração e a análise de algumas propostas de trabalho de conteúdos estatísticos em sala de aula. Esses princípios, fundamentais na elaboração de projetos pedagógicos que buscam valorizar o desenvolvimento da literacia, do pensamento e do raciocínio estatísticos, encontram-se fortemente presentes na modelagem matemática.

O trabalho com projetos é uma forma pedagógica de ação em que um programa de estudo é desenvolvido a partir da organização e do desenvolvimento curricular, com a explícita intenção de transformar o aluno de objeto em sujeito. Esta pedagogia baseia-se na concepção de que a educação é um processo de vida, e não apenas uma preparação para o futuro profissional ou uma forma de transmissão da cultura e do conhecimento. Assim, trabalhos com projetos na sala de aula inserem-se num contexto em que se busca direcionar o olhar pedagógico pelos fundamentos da Educação Crítica, com a intenção de se construir um ambiente de aprendizagem baseado na participação ativa dos educandos. Essa participação se dá, entre outras maneiras, a partir do estudo de situações presentes no cotidiano do aluno, voltado para reflexões diversas que envolvam não apenas aspectos curriculares, mas, igualmente, múltiplas questões, interdisciplinares ou não, relacionadas com tais situações. Na Educação Matemática brasileira o trabalho baseado em atividades de projetos é, muitas vezes, associado à aplicação da modelagem matemática na sala de aula.

A Matemática e a realidade podem ser conectadas por meio da modelagem. Essa conexão interativa é feita mediante o uso dos processos matemáticos conhecidos, com o objetivo de estudar, analisar, explicar, prever situações da vida cotidiana concreta que nos cercam (Campos, 2007). Como diz Bassanezi (2002), a modelagem matemática é um processo dinâmico, utilizado para a obtenção e validação de modelos matemáticos e consiste, essencialmente, na arte de transformar situações do nosso cotidiano em problemas matemáticos e resolvê-los, interpretando suas respostas numa linguagem usual. Bassanezi, ao dizer que esse método pode ser utilizado tanto como um processo para a resolução dos mais variados problemas relacionados com a Matemática Aplicada[11] quanto como uma estratégia de ensino e de aprendizagem, reafirma o papel da modelagem matemática como instrumento pedagógico, quando, através dos procedimentos intrínsecos ao método, conteúdos matemáticos são abordados e tópicos curriculares são sintetizados.

---

[11] A expressão "Matemática Aplicada" refere-se ao fato de se utilizarem os conceitos matemáticos para o estudo de fenômenos concretos, ou seja, do mundo real. Todo argumento matemático que pode ser relacionado com a realidade pode ser considerado como pertencente à Matemática Aplicada (BASSANEZI, 2002).

A modelagem matemática constitui-se, então, em um método de ensino e de aprendizagem que pode ser empregado nos diversos níveis escolares, desde a matemática elementar até a pós-graduação. Nessa perspectiva da modelagem matemática, consideramos adequado conceituá-la da mesma forma que Barbosa (2007), como um ambiente de aprendizagem (a ser construído na sala de aula) em que os estudantes são convidados (pelo professor) para investigar, através da Matemática, situações extraídas do dia a dia ou mesmo de outras ciências. Vemos um ambiente de aprendizagem como um espaço educacional construído pelo professor com a intenção de desenvolver suas atividades pedagógicas.

O processo de modelagem matemática é realizado em muitas atividades presentes em nosso cotidiano e pode ser um caminho para despertar nos estudantes o interesse pelos conteúdos matemáticos, na medida em que eles têm a oportunidade de estudar, por meio de investigações diversas, situações que têm aplicação prática e que valorizam o seu senso crítico.

A modelagem, como um processo, pode sofrer algumas alterações para se adaptar ao sistema escolar, devendo-se levar em consideração, quando do seu uso, o nível de ensino, o tempo disponível para os alunos realizarem as pesquisas, o currículo da disciplina, etc. Como diz D'Ambrosio (1991), a modelagem eficiente se dá a partir do momento em que nos conscientizamos de que estamos sempre trabalhando com aproximações da situação real.

Os principais objetivos da modelagem matemática como estratégia pedagógica são:

- aproximar a Matemática de outras áreas de conhecimento;
- salientar princípios inerentes à Educação Crítica presentes na Matemática e que são importantes para a formação do aluno;
- relacionar situações do cotidiano do aluno com a Matemática curricular e, assim, fomentar o interesse pela disciplina;
- estimular a criatividade e incentivar investigações e reflexões;
- melhorar a compreensão e a apreensão de conceitos matemáticos;
- desenvolver a habilidade para resolver problemas.

O planejamento das atividades de modelagem no ensino deve levar em conta, de um lado, aspectos significativos relacionados com os alunos e que dizem respeito a suas realidades, seus interesses e suas metas, ao nível de conhecimento matemático que eles possuem e à disponibilidade que eles têm para o trabalho extraclasse; e, de outro, importantes situações logísticas que envolvem a sala de aula, tais como o número de alunos e de grupos de trabalho a ser formado, o tempo disponível para o trabalho (dos alunos e do professor), as condições oferecidas pela escola (como as limitações de horário e a rigidez dos muros escolares e das regras preestabelecidas), o programa da disciplina e a carga horária necessária.

Assim, em concordância com essas questões pedagógicas relacionadas com os alunos e com a sala de aula, a escolha do tema a ser trabalhado por meio da modelagem matemática deve estar, preferencialmente, em conformidade com o programa da disciplina e demandar um conhecimento preexistente ou um conteúdo a ser desenvolvido. O professor pode escolher o tema ou deixar que os alunos o façam. Essa forma de escolha, a nosso ver, é indiferente. Porém, em qualquer uma dessas opções, o professor deve aprofundar-se no assunto para poder preparar as atividades de forma a planejar previamente a condução dos trabalhos. Esse aprofundamento segue etapas e subetapas que dependem da visão de modelagem assumida pelo professor que opta por essa abordagem pedagógica e nelas estão incluídas a escolha ou a construção do modelo matemático.

Dessa forma, o processo de modelagem deve ter o seu início e o seu término no mundo real, passando por investigações e por reflexões que fundamentem a construção ou a escolha de modelos matemáticos, pelas etapas de validação e de interpretação de resultados, pela sistematização do conteúdo, etc. A presença da modelagem matemática no contexto da Educação Matemática se coloca, portanto, essencialmente em situações que visam a representar e estudar matematicamente um problema originário em um contexto cotidiano, cuja solução deverá possibilitar sua análise, reflexão, conscientização, discussão e validação.

O trabalho pedagógico com a modelagem matemática, numa direção, além de se constituir em um importante instrumento de aplicação da Matemática para resolver problemas reais, também gera necessidades para o levantamento de dados e para simplificações das situações da realidade. Nessa mesma direção, essa forma de trabalho favorece a construção de um ambiente no qual os alunos podem realizar simulações e fazer analogias, na medida em que um mesmo modelo pode ser útil na representação de diferentes situações, auxiliando os alunos na identificação de aplicações em outras áreas do conhecimento e em diferentes contextos. Ainda nessa direção Borba e Penteado (2007), ao relatarem o trabalho pedagógico desenvolvido com ênfase na utilização das tecnologias de informática disponíveis, em uma disciplina de Matemática Aplicada de um curso de Biologia, destacam a importância de se articular, no ambiente de modelagem matemática, o trabalho investigativo em sala de aula com temas mais amplos. Na perspectiva pedagógica adotada, assinalam a ocorrência de temas ligados à Música, à Biologia, ou mesmo à própria Matemática.

Numa segunda direção, a modelagem matemática identifica-se com uma perspectiva pedagógica focada na formação da cidadania e das consciências política e social do estudante. Nessa perspectiva busca-se valorizar as habilidades individuais necessárias para uma efetiva participação em uma sociedade democrática e, similarmente ao pensamento de Skovsmose (1996), enfatizar a avaliação crítica das práticas que envolvem a Matemática, levando em consideração o ambiente cultural a que os estudantes pertencem. Essa identificação compõe o núcleo central de uma literacia matemática voltada para mudanças sociais, como propõe Jablonka (2003), dirigida para a formação de um cidadão crítico, com poder de argumentação e, como dizem Jacobini e Wodewotzki (2006), interessado na discussão de questões sociais que são relevantes para a comunidade.

Em uma terceira direção, vemos o papel da tecnologia informática como ator indispensável ao trabalho com a modelagem matemática, quer como ferramenta de apoio operacional, quer como instrumento que venha contribuir para a superação de vários desafios frequentemente encontrados nas salas de aulas tradicionais, tais como o desinteresse do aluno e a falta de habilidades apropriadas para o mercado de trabalho. A maioria dos pesquisadores que se interessa pela modelagem matemática considera imprescindível, em seus estudos, a presença dessa tecnologia. Muitos são os estudos nessa direção e, entre eles, destacamos: Borba e Penteado (2007), Araujo (2002) e Jacobini (2004), que abordam a utilização da tecnologia informática na sala de aula; Borba, Malheiros e Amaral (2011) que, ao discutirem amplamente questões práticas e teóricas sobre a Educação a Distância Online (EaD), reservam um capítulo para modelagem matemática e EaD com especial referência ao Centro Virtual de Modelagem (CVM[12]); Wodewotzki *et al.* (2009), que apresentam e discutem uma experiência de ensino nesse ambiente virtual de modelagem (CVM) e Diniz (2007), Malheiros (2008) e Sampaio (2010), que incluem em seus trabalhos a utilização de ambientes virtuais de modelagem, como e-mail, MSN, Orkut e YouTube.

Preferimos denominar projetos de modelagem matemática aos trabalhos com a modelagem que, com a valorização da tecnologia informática e ao lado da construção ou da escolha de modelos e das aplicações da Matemática, priorizem investigações e reflexões, quer sobre o papel desses modelos, quer sobre a realidade social, política, econômica, ambiental, etc. de onde as situações geradoras do trabalho com a modelagem são originadas. Usamos aqui projetos de modelagem matemática (ou simplesmente projetos de modelagem) e modelagem matemática com esse mesmo significado.

A Estatística é pródiga na aplicação de seus conteúdos na vida real. Convivemos com números e com estatísticas, vivemos um constante exercício de comparação e somos permeados de índices que nos acompanham durante nossa infância e que continuam a nos acompanhar quando nos tornamos adultos. Os jornais diários, as revistas e os noticiários na televisão e na internet são ricos em gráficos, índices e análises comparativas de todas as espécies.

Trabalhos em sala de aula direcionados para o ensino e a aprendizagem de conteúdos estatísticos, baseados na modelagem matemática e centrados em temas que são do interesse dos alunos e que têm forte relação com essa convivência diária com números, índices, gráficos, tabelas, etc. são cada vez mais frequentes. No GPEE temos desenvolvido diversos trabalhos que se caracterizam por essa relação

---

[12] Disponível em: <http://tidia-ae.rc.unesp.br/cvm/>.

entre a modelagem e a Estatística e, entre eles, trazemos algumas experiências pedagógicas que realizamos em nosso grupo de estudo. Na primeira delas, centrada em um curso de extensão universitária e desenvolvida em parceria com o CVM, contamos com a presença virtual de professores de Matemática dos ensinos fundamental e médio. Com essa experiência buscamos analisar e compreender o processo de interação que se estabelece em um ambiente virtual de modelagem matemática, quando os professores participantes desenvolvem, com seus alunos, projetos de modelagem baseados em conteúdos estatísticos com o apoio da planilha eletrônica Excel. O desenvolvimento das atividades no ambiente de aprendizagem construído, seguindo o percurso de um trabalho colaborativo, possibilitou, com base em projetos de modelagem, abordar o estudo de conteúdos da estatística descritiva que são trabalhados nos três níveis de ensino (fundamental, médio e superior) e introduzir conceitos de probabilidade, de amostragem e de inferência estatística.

Na segunda experiência, realizada nos meses que antecederam as eleições presidenciais de 2006, relacionada com trabalhos coletivos e igualmente desenvolvida no CVM, procuramos envolver professores de diferentes escolas, públicas e particulares. Nessa experiência, denominada Modelagem Matemática e Eleições Presidenciais, utilizando o espaço destinado aos hipertextos, convidamos os professores integrantes do ambiente para, juntamente com seus alunos, participarem desta atividade de modelagem, coletando informações sobre intenção de votos nas eleições presidenciais de 2006. Desses, 13 professores de diferentes estados brasileiros aceitaram o nosso convite. Depois de tabulados, os dados foram disponibilizados no próprio CVM, para que os professores participantes pudessem trabalhar, com seus alunos, conteúdos estatísticos de suas disciplinas.

Nas duas outras experiências, temas contemporâneos foram considerados para a abordagem de conceitos estatísticos na sala de aula. Numa delas, que se refere à pesquisa da dissertação de mestrado de Andrade (2008),[13] foi trabalhado o tema Alcoolismo e

---

[13] Mirian M. Andrade atuou como membro do GPEE, orientada pela professora Maria Lucia Wodewotzki.

Adolescência. Nessa pesquisa foram consideradas as propostas dos Parâmetros Curriculares Nacionais (PCNs), bem como de outros documentos que regem a educação nacional e que estabelecem a importância da formação de alunos capazes de ler, interpretar, refletir e analisar criticamente informações que recebem diariamente através da mídia ou de outros meios de comunicação. Nessa linha, ênfase foi dada pela pesquisadora à unidade temática Estatística, que compõe parte do eixo norteador Análise de Dados e que se constitui de representações gráficas, análise de dados (média, mediana e moda), variância e desvio padrão. O trabalho foi desenvolvido com o intuito de propor o estudo de Estatística por meio da modelagem matemática, em uma classe do 3º ano do ensino médio e, assim, investigar e discutir as implicações que tal ambiente pode oferecer para o ensino e a aprendizagem da Estatística.

No ambiente construído, concomitantemente com a elaboração de um questionário para coleta de dados e sua aplicação em uma amostra conveniente de pessoas que tinham alguma relação com a escola (amigos que moravam na mesma rua, colegas e familiares que estavam dentro de uma mesma faixa etária estabelecida por eles), conceitos básicos de Estatística foram sendo desenvolvidos, sobretudo aqueles relacionados com população e amostra, com variáveis e com a apresentação de resultados. Do mesmo modo, após a coleta dos dados, foram trabalhadas as primeiras ideias de organização dos dados, construção das distribuições de frequências, das tabelas e dos gráficos, bem como seus significados, além da utilização e do entendimento das ferramentas dinâmicas da planilha eletrônica Excel.

A participação e o envolvimento dos alunos nas atividades desenvolvidas e apresentadas, bem como a experiência vivida por eles durante o período em que o projeto se desenvolveu e retratada nas entrevistas, constituíram o material de estudo da investigação. A análise desse material à luz do referencial teórico apresentado permitiu à pesquisadora estabelecer algumas categorias como: a Modelagem Matemática e a Estatística; o Ambiente de Aprendizagem; Modelagem e o Tema Escolhido; Trabalho Colaborativo; Modelagem como Instrumento de Conscientização; Modelagem e Trabalho Docente;

Modelagem e Tecnologia; O Tempo e a Modelagem; As Discussões; Assiduidade e Casos Notórios.

Em seu trabalho a pesquisadora destaca que essas categorias apresentam implicações convergentes para alguns aspectos do contexto educacional. Entre elas trazemos para este livro as implicações relacionadas com as ações didático-pedagógicas docentes, com a atuação do aluno (seja na escola ou na sociedade) e com aspectos que extrapolam as ações do professor e a atuação do aluno (ANDRADE, 2008).

No que se refere às implicações didático-pedagógicas do professor, Andrade infere que o trabalho fundamentado na modelagem matemática constitui-se em uma proposta possível e desafiadora para o professor em sala de aula, implicando o deslocamento de uma situação confortável para uma perspectiva desconhecida e nem sempre segura. Além disso, os processos de ensino e aprendizagem de Estatística em um ambiente de modelagem matemática possibilitam um trabalho motivador para os alunos, sobretudo com o auxílio da tecnologia informática. Contudo, como salienta Andrade, o professor deve estar preparado para enfrentar desafios, como, por exemplo, algumas situações de ordem afetiva e emocional que podem ser aguçadas em seus alunos em decorrência da escolha do tema, da sua apresentação e da discussão emocional; o encontro de barreiras para a efetivação do projeto, como falta de tempo, de material, de apoio e de colaboração; o número excessivo de alunos na sala de aula, que pode dificultar a atenção dada pelo professor a cada grupo ou a cada aluno em particular.

Em relação à atuação do aluno, seja em sala de aula seja na sociedade, Andrade observa que a modelagem matemática no âmbito escolar contribui para que o estudante, ao perceber que pode participar de um trabalho didático na área da Matemática, diretamente relacionado com um tema de seu interesse, que possibilita que ele trabalhe com dados oriundos de sua própria realidade, coletados, organizados e estudados por ele, se envolva e se empolgue com o aprendizado.

Andrade destaca ainda que ambientes de aprendizagem, centrados na modelagem matemática, ao promoverem a interlocução entre a instituição escolar e a comunidade, seja através do envolvimento de todos com o processo de coleta de informações, seja através dos debates, na escola e na própria comunidade, proporcionados pelos resultados estatísticos e pelas reflexões decorrentes do estudo realizado, extrapolam as ações pedagógicas da sala de aula. Esse envolvimento da comunidade com a escola favorece a formação de cidadãos reflexivos, críticos, responsáveis, ativos e questionadores, conscientes dos problemas de sua comunidade e motivados na busca de soluções para eles.

Em outra experiência, publicada em Campos *et al.* (2011), os debates que envolviam os polêmicos temas relacionados com o referendo popular sobre o desarmamento da população brasileira e com a reforma universitária, em discussão no Congresso Nacional, motivaram o desenvolvimento de projetos de modelagem baseados em ambos os assuntos. Realizamos o trabalho pedagógico com alunos de graduação de um curso de Engenharia de Computação e, com ele, buscamos, através dos projetos de modelagem, de um lado combinar a aprendizagem do conteúdo estatístico com reflexões políticas e, de outro, analisar as contribuições que essa combinação pedagógica pode trazer para a formação acadêmica e política dos estudantes. Numa primeira delas (investigações não matemáticas), os alunos buscaram aprofundar seus conhecimentos sobre os assuntos por eles escolhidos, procurando informações em publicações escritas (livros, revistas e jornais) e na internet. Como vários institutos de pesquisa estavam realizando pesquisas de opinião sobre a intenção de voto da população no Referendo Popular sobre o Desarmamento, os alunos foram orientados a analisar as publicações dos resultados dessas pesquisas para: (i) acompanhar a tendência da população (que se modificava em cada levantamento realizado); (ii) comparar (posteriormente) esses resultados com os da pesquisa que seria realizada na universidade; (iii) conhecer procedimentos e conceitos estatísticos (margem de erro, nível de confiança e tamanho de amostra) adotados em sondagens amostrais.

Numa segunda etapa, relacionada com as investigações matemáticas, os alunos realizaram duas pesquisas amostrais, ambas com estudantes da universidade, para, de um lado, conhecer o pensamento do estudante universitário em relação a cada um dos temas abordados e, de outro, relacionar o conteúdo programático da disciplina, principalmente em relação à análise exploratória de dados e à inferência estatística, com atividades práticas que são do interesse da comunidade.

Concluímos os trabalhos com debates sobre ambos os temas para que os integrantes dos grupos pudessem apresentar para a comunidade universitária os resultados das suas descobertas estatísticas e, com base neles e nas investigações realizadas, debater questões importantes intrínsecas aos dois assuntos.

Com base nessas experiências, vemos que a modelagem matemática, ao conjugar a ideia de aprender Estatística fazendo Estatística por meio do estudo, da investigação, da análise, da interpretação, da crítica e da discussão de situações concretas que têm a ver com a realidade do aluno, seja ela profissional ou relacionada com o seu dia a dia, e ao se aproveitar dessa convivência diária com números, índices, gráficos e tabelas, se torna coerente com os pressupostos da Educação Estatística. Fazemos essa afirmação porque seus métodos encontram aplicabilidades nas mais diversas áreas do conhecimento, quer seja em procedimentos de amostragem e planejamento de experimentos, na descrição, organização, análise e interpretação de dados e no estudo de relações entre variáveis, quer seja no âmbito da estimação e inferência estatística.

Contudo, em questões de ensino e aprendizagem, pesquisas recentes (como algumas realizadas pelo GPEE e diversas publicadas na literatura relacionada com a Educação Estatística) mostram que, em geral, cursos de Estatística vêm ainda sendo ministrados com ênfase em técnicas, com poucas aplicações relacionadas às informações reais do próprio campo de conhecimento do aluno e nos quais o professor ainda exerce um poder centralizador. Nesse sentido, entendemos que a modelagem matemática aplicada ao ensino de Estatística vem resgatar o seu objetivo primordial, com a construção de ambientes pedagógicos que permitem ao aluno vivenciar a aplicabilidade dos conteúdos estatísticos, ao mesmo tempo que desenvolvem a capacidade de pesquisar, de realizar trabalhos em grupo, de discutir, refletir, criticar e comunicar suas opiniões.

Os objetivos da modelagem matemática no ensino, em consonância com os fundamentos da Educação Estatística, mostram-se relevantes no desenvolvimento dos projetos, justamente por incentivar e contribuir para o desenvolvimento das capacidades de literacia, pensamento e raciocínio estatísticos.

Autores como Rumsey (2002) destacam a importância de prover contextos significativos para o trabalho desenvolvido em sala de aula, de modo que os alunos vivenciem o porquê desse ou daquele conteúdo estatístico e apreciem sua importância no contexto estudado. Nessa linha, o ensino e a aprendizagem na perspectiva da modelagem matemática fornecem aos alunos a oportunidade de produzir seus próprios dados, investigar, analisar, discutir, criticar, tornando-os assim corresponsáveis pelo seu próprio aprendizado. Também é importante destacar que esse tipo de estratégia promove a habilidade de tomar a responsabilidade de resolver seus problemas, como eles terão que fazer futuramente em um ambiente de trabalho ou na sua vida profissional. Em outras palavras, os alunos estudarão Estatística porque terão interesse em resolver, interpretar, questionar e propor soluções para os problemas que, de alguma forma, lhes dizem respeito.

Acrescentamos também que a modelagem matemática pode ser usada para o reconhecimento de configurações de modelos adequados para uma determinada situação da realidade. Essas considerações mostram-se relevantes no contexto da Educação Estatística, sobretudo em relação ao desenvolvimento das habilidades de raciocínio e pensamento estatísticos, uma vez que pressupõem o trabalho com situações reais que estimulam investigação, formulação de problemas, explorações, descobertas, interpretação e reflexão.

Com relação à literacia estatística, acreditamos que projetos de modelagem ajudam a promovê-la, pois ensinar Estatística com base em assuntos do dia a dia tende a melhorar a base de argumentação dos estudantes, além de aumentar o valor e a importância que eles dão a essa disciplina.

Assim, como apresentado por Campos (2007), o trabalho com a modelagem matemática na sala de aula de Estatística contribui para o desenvolvimento da literacia, do pensamento e do raciocínio estatísticos na medida em que observa as recomendações propostas no capítulo anterior:

- trabalhar com dados reais;
- relacionar os dados ao contexto em que estão inseridos;
- exigir dos alunos que interpretem seus resultados;
- permitir que os estudantes trabalhem juntos (em grupo) e que uns critiquem as interpretações de outros, ou seja, favorecer o debate de ideias entre os alunos;
- promover julgamentos sobre a validade das conclusões, ou seja, compartilhar com a classe as conclusões e as justificativas apresentadas;
- avaliar constantemente o desenvolvimento das três capacidades em cada domínio da Estatística;
- promover, para cada conteúdo, a triangulação:

Em relação a essa triangulação, ressaltamos que nós defendemos, anteriormente, o trabalho com metas no ensino de Estatística. A principal meta é desenvolver as competências. Essas metas representam os objetivos, e esses objetivos guiam a elaboração das atividades, como meio de atingi-los. Depois de realizada uma atividade, defendemos que seja promovida uma avaliação (que pode ser objetiva ou subjetiva, formal ou não). O resultado dessa avaliação vai dizer se o objetivo (meta) foi atingido ou não. Caso não tenha sido atingido, novas atividades são necessárias, e a triangulação prossegue.

Nos projetos de modelagem matemática aplicados ao ensino de Estatística que apresentamos no capítulo seguinte, fazemos três escolhas:

1) os temas nascem da interação professor-alunos, com base nos interesses desses últimos;
2) os conhecimentos estatísticos envolvidos são trabalhados ao longo do projeto e fazem parte do programa da disciplina;
3) o foco concentra-se na aplicabilidade de certos conteúdos estatísticos em problemas reais de interesse do aluno.

No trabalho com tais projetos temos a construção de uma sala de aula crítica como opção pedagógica. Nela, paralelamente à preocupação com o crescimento acadêmico do estudante, ambos, professor e seus alunos, aceitam e assumem o papel de investigadores interessados em problemáticas que dizem respeito à realidade social que se encontra ao seu redor, criando possibilidades múltiplas e realizando atividades intelectuais relacionadas com investigações, consultas e críticas.

Os projetos de modelagem que desenvolvemos e que apresentamos neste livro exercem estratégias de reflexão, de valorização da consciência crítica, de estímulo à cidadania e da valorização do diálogo e norteiam-se pelos princípios da Educação Crítica. Por essa razão, consideramos natural a interface pedagógica da EE, centrada nos projetos de modelagem, com a Educação Crítica. Falamos, na sequência, sobre essa interface.

## Interface com a Educação Crítica

A Educação Crítica surgiu com base em obras de vários autores, tais como Theodor W. Adorno, Herbert Marcuse e outros. Negt (1964) emprestou à Educação Crítica uma fundamentação mais independente e original, destacando seus aspectos políticos, econômicos e psicológicos, além da dimensão filosófica primordial. Posteriormente outros pesquisadores, entre os quais destacamos Paulo Freire, Ubiratan D'Ambrosio, Peter McLaren, Marilyn Frankenstein, Henry Giroux, Ole Skovsmose, contribuíram substancialmente para uma melhor fundamentação da teoria crítica de aprendizagem escolar.

Em Campos *et al.* (2011), abordamos a significância do pensamento crítico tanto no âmbito da Educação Matemática quanto no contexto da Educação Estatística. Ao leitor interessado no papel desta significativa vertente na sala de aula de Matemática recomendamos as obras desses autores e, mais especificamente, as de Skovsmose (vide "Referências").

A Educação Crítica nos remete a um objetivo de caráter social que, além de procurar dar significado aos conteúdos estatísticos, procura fazê-lo de forma democrática, incentivando o desenvolvimento, nos alunos, de espírito crítico, responsabilidade ética e conscientização política. A ideia de neles fomentar o conhecimento reflexivo encontra ressonância nos aspectos da EE que abordamos nos capítulos anteriores, quais sejam a literacia, o raciocínio e o pensamento estatísticos.

O que propomos neste capítulo é uma aproximação da Educação Crítica com o ensino de Estatística, construindo o que Campos (2007) chama de Teoria da Educação Estatística Crítica. Nela, baseado nos pensamentos de Freire, Giroux e Skovsmose, o autor destaca ações pedagógicas relacionadas com:

- a promoção de uma educação problematizadora, dialógica e que estimula a criatividade e a reflexão do aluno;
- a promoção da inserção crítica do estudante na realidade em que ele vive, desvelando essa realidade para uma melhor compreensão do mundo, buscando torná-lo, assim, um ator que não só assiste ao mundo, mas que dele participa;
- a valorização dos aspectos políticos envolvidos na educação, tanto em relação ao processo educativo como em relação aos conteúdos disciplinares;
- a democratização do ensino, tanto com o debate de princípios democráticos como também com a adoção de atitudes democráticas em sala de aula, promovendo a desierarquização entre educandos e educadores, que passam a conviver num ambiente no qual não há um dono do saber, e sim um compartilhamento de experiências que visa a um bem comum de desenvolvimento da intelectualidade dos participantes do processo educacional, desmistificando o papel manipulador tradicional da figura do professor;

- a valorização do trabalho em grupo, colaborativo, sem subordinação, mas permitindo a existência de líderes de pares;
- o desenvolvimento dos relacionamentos sociais, o combate às posturas alienantes dos alunos e a defesa da ética e da justiça social.

Além disso, entendemos que alguns aspectos levantados nos estudos sobre a Educação Estatística parecem estar em concordância com alguns desses princípios da Educação Crítica. Esclarecemos alguns pontos comuns.

Os princípios de aleatoriedade e de incerteza, que levam a Estatística a se afastar do aspecto determinístico da Matemática, estão em acordo com a crítica à ideologia do falso-verdadeiro, necessária para se trabalhar o conhecimento reflexivo.

Conforme vimos no capítulo anterior, o pensamento estatístico ocorre quando os modelos matemáticos são associados à natureza contextual do problema proposto e o estudante identifica e escolhe adequadamente as ferramentas estatísticas necessárias para sua descrição e interpretação. Esse aspecto é citado por Skovsmose (1996) e por Giroux (1997) como fundamental para o desenvolvimento da competência crítica, além de figurar entre as competências listadas para o desenvolvimento da matemacia.[14]

Uma característica que ressaltamos sobre o pensamento estatístico é a ideia de prover a habilidade de enxergar o problema estatístico de maneira global, com suas interações e seus porquês, entender suas diversas relações e o significado das variações, explorar os dados além do que os textos prescrevem e gerar questões e especulações não previstas inicialmente. Isso está de acordo com o pensamento reflexivo, pois valoriza os questionamentos, a confiabilidade dos resultados, etc. Além disso, tende a estimular a criatividade, conforme nos orienta Paulo Freire.

---

[14] Segundo D'Ambrosio (2005), matemacia é a capacidade de interpretar e analisar sinais e códigos, de propor e utilizar modelos e simulações na vida cotidiana, de elaborar abstrações sobre representação do real.

Nessa linha, a relevância dos dados e das pesquisas deve sempre ser questionada pelos estudantes e encorajada pelos professores. Isso está de acordo com os princípios da competência crítica, que valorizam os questionamentos sobre a importância do que está sendo estudado.

Do mesmo modo, para desenvolver o raciocínio estatístico, destacamos que os problemas de Estatística devem começar com um questionamento e terminar com uma opinião, que se espera que seja fundamentada em certos resultados práticos. Os julgamentos e as conjecturas expressos pelos estudantes não devem ser caracterizados como certos ou errados, e sim analisados quanto a qualidade de seu raciocínio, adequação e métodos empregados para fundamentar as evidências. Novamente vemos aqui uma adequação com os princípios da rejeição à ideologia do falso-verdadeiro, valorização do aspecto crítico (Skovsmose), valorização da pedagogia da escrita, além de dar voz ao estudante (Giroux), estimulando a reflexão (Freire).

Quanto à literacia, ela, especialmente, tem a ver com a capacidade de argumentar e de se expressar segundo uma linguagem própria da Estatística. Mas ela também tem a ver com a habilidade de expressar a competência de debater os conceitos inseridos num contexto de discussão social e de valorizar o desenvolvimento de atitudes de questionamento, nas quais se aplicam conceitos mais sofisticados para contradizer alegações que são feitas sem fundamentação estatística apropriada. Mais uma vez se destacam as ideias do conhecimento reflexivo que defende a preparação dos alunos para uma vida social, incentivando-os a perceber, entender, julgar e aplicar os conceitos matemáticos em sua vida cotidiana.

Outro aspecto que aqui é valorizado é o estímulo à escrita, que, como lembra Giroux, ajuda a desenvolver a capacidade de operar um pensamento crítico. Esclarecemos que vemos a escrita como a necessidade de se expressar usando a terminologia própria da Estatística, e essa expressão pode (e deve) dar-se não somente de maneira oral, mas também (e principalmente) de maneira escrita.

Entre os objetivos da literacia, citamos o oferecimento de condições para o aluno atuar como membro educado da sociedade em uma era de informação e adquirir uma boa base de entendimento de termos, ideias e técnicas estatísticas. Nesse ponto, encontramos uma convergência com a competência matemática, necessária para que exista a competência democrática, muitas vezes citada por Skovsmose. Reforçamos ainda que os estudantes precisam aprender a usar a Estatística como evidência nos argumentos encontrados em sua vida diária como trabalhadores, consumidores e cidadãos, o que tende a incrementar a capacidade crítica e a matematização.

A Educação Estatística estabelece uma condição básica para um trabalho pedagogicamente significativo, que é a contextualização dos dados. Isso, em concordância com o que dissemos no Capítulo I, significa que os problemas devem conter dados (números) que são obtidos por pesquisas reais, preferencialmente obtidos pelos próprios alunos. Mencionamos também que esses problemas devem tratar de assuntos relevantes para eles, ligados ao seu cotidiano ou à sua formação profissional. Observamos aí uma conexão com as ideias de problematização e de construção de modelos propostas por Skovsmose e por Giroux.

Além desses aspectos ligados à teoria didática da Estatística que a aproxima da Educação Crítica, devemos também apontar o engajamento das atividades propostas neste livro com os aspectos políticos, econômicos e sociais que circundam a vida dos estudantes, utilizando nesse contexto a ideia de suplantar os objetivos da própria Estatística e valorizar a interdisciplinaridade, conforme proposto por Giroux. Esses fatos evidenciam uma expressiva convergência entre os princípios da Educação Estatística e os da Educação Crítica.

Vemos, entretanto, que a maioria dos livros-texto de Estatística ainda ignora essa aplicabilidade e tratam-na abstratamente, quase que exclusivamente como um conhecimento matemático. Seguindo essa linha, muitos professores tratam o ensino de Estatística de forma alienante, assumindo uma falsa postura de que a educação é neutra e apolítica.

Uma Educação Estatística que se proponha a seguir os princípios da Educação Crítica deve envolver alguns aspectos como:

- problematizar o ensino, trabalhar a Estatística por meio de projetos, permitindo aos alunos que trabalhem individualmente

e em grupos, valendo-se dos princípios da modelagem matemática, usando exemplos reais, contextualizados dentro de uma realidade condizente com a do aluno;
- favorecer e incentivar o debate e o diálogo entre os alunos e entre eles e o professor, assumindo uma postura democrática de trabalho pedagógico e delegando responsabilidades aos alunos;
- incentivar os alunos a analisar e interpretar os resultados, valorizar a escrita, promover julgamentos sobre a validade das ideias e das conclusões, fomentar a criticidade e cobrar dos alunos o seu posicionamento perante os questionamentos;
- tematizar o ensino, ou seja, privilegiar atividades que possibilitem o debate de questões sociais e políticas relacionadas ao contexto real de vida dos alunos, incentivando a liberdade individual, a justiça social e valorizando a reflexão sobre o papel da Estatística nesse contexto;
- utilizar bases tecnológicas no ensino, valorizando competências de caráter instrumental para o aluno que vive numa sociedade eminentemente tecnológica;
- adotar um ritmo próprio, um tempo flexível para o desenvolvimento dos temas;
- evidenciar o currículo oculto,[15] debater o mesmo com os estudantes permitindo que eles participem das decisões tomadas e do controle do processo educacional;
- avaliar constantemente o desenvolvimento do raciocínio, do pensamento e da literacia, desmistificando esse processo de avaliação do aluno, permitindo que ele participe das decisões e assuma responsabilidades sobre esse processo.

Complementamos essas características apontando três princípios básicos que, se forem observados, possibilitarão o engajamento do professor nessa prática de educação que estamos propondo. São eles:

---

[15] O currículo oculto, segundo Giroux (1997), diz respeito a normas, valores e crenças não explícitos que são transmitidos aos estudantes por meio da estrutura subjacente de uma determinada aula.

- contextualizar os dados de um problema estatístico, preferencialmente utilizando dados que, de alguma forma, estejam relacionados com o cotidiano dos alunos;
- incentivar a interpretação e análise dos resultados obtidos;
- socializar o tema, ou seja, inseri-lo num contexto político/social e promover debates sobre as questões levantadas.

Dessa forma, entendemos que o objetivo de ensinar Estatística deve sempre estar acompanhado do objetivo de desenvolver a criticidade e o engajamento dos estudantes nas questões políticas e sociais relevantes para a sua realidade como cidadãos que vivem numa sociedade democrática e que lutam por justiça social em um ambiente humanizado e desalienado.

No capítulo seguinte, trazemos algumas estratégias pedagógicas que evidenciam as interfaces da Educação Estatística com a modelagem matemática e com a Educação Crítica.

Capítulo III

# Projetos de modelagem matemática

Baseado nos fundamentos da didática da Estatística, em consonância com os princípios que norteiam a Educação Estatística Crítica e valendo-se de nossa experiência docente, temos desenvolvido diversas atividades didáticas, consolidadas em projetos pedagógicos diretamente relacionados com a modelagem matemática. Tais atividades, discutidas no âmbito do GPEE, proporcionaram resultados acadêmicos apresentados em congressos nacionais e internacionais sobre o ensino de Estatística.

Neste capítulo apresentamos quatro desses projetos. Em cada um deles procuramos demonstrar o desenvolvimento das capacidades de literacia, pensamento e raciocínio estatísticos, como abordadas no capítulo anterior, e indicamos a referência bibliográfica na qual o leitor poderá encontrar mais detalhadamente as atividades realizadas e os resultados obtidos.

## Projeto 1: A Estatística, o mercado de capitais e a responsabilidade social[16]

Num curso de Ciências Econômicas de uma faculdade particular, uma palestra ministrada aos estudantes sobre o mercado de

---
[16] Esse projeto é descrito com mais detalhes em Campos (2007).

capitais despertou o interesse dos alunos sobre o tema. Aproveitando tal motivação, desenvolvemos a ideia de trabalhar com um projeto didático, possibilitando aos alunos um maior aprofundamento teórico e permitindo que eles pudessem pôr em prática os conhecimentos de Estatística adquiridos no curso, aproveitando a relevância do tema para o seu aprimoramento profissional.

O projeto consistiu basicamente de um processo de discussão e investigação sobre o mercado de capitais, bem como a formulação e experimentação de uma estratégia de investimento em um mercado virtual durante um determinado período de tempo.

O mercado de capitais é um mercado de risco, no qual os investidores compram ações de empresas negociadas na bolsa de valores e as revendem, procurando obter lucros nessas transações. Muitas vezes, o sucesso desse tipo de operação financeira depende da escolha do momento certo para comprar e vender as ações, sendo que não existe uma regra determinística para se saber exatamente quando ocorre esse momento. A decisão sobre comprar ou não ações de uma determinada empresa X pode ter por base dois tipos de análise: fundamentalista ou técnica (estatística).

A análise fundamentalista[17] leva em conta o tipo de administração da empresa, a situação do mercado no qual ela está inserida, a competitividade do seu setor de atuação, etc. Já a análise técnica pode ser dividida em duas partes principais, a análise de risco-retorno e a análise gráfica.

### Análise de risco-retorno[18]

Em administração financeira existe a percepção intrínseca de que investimentos mais arriscados podem gerar maiores lucros, ou seja, quanto maior o risco maior pode ser a rentabilidade e vice-versa. Para tornar este conceito mensurável, é preciso de alguma forma quantificar o que seria a rentabilidade e o risco de um determinado ativo. A metodologia mais utilizada consiste em considerar o retorno de um determinado ativo como uma variável aleatória, associar a

---

[17] Para mais detalhes sobre a análise fundamentalista, sugerimos Halfeld (2005).

[18] A análise risco-retorno é abordada em detalhes em Costa & Assunção (2005).

medida de risco ao desvio padrão dessa variável e a rentabilidade ao seu valor esperado.

Seja $S_i(0)$ o valor de um ativo financeiro i no instante 0 e $S_i(1)$ o valor desse ativo uma unidade de tempo depois. A taxa de retorno Ri desse ativo, que é uma variável aleatória, é dada por:

$$R_i = \frac{S_i(1) - S_i(0)}{S_i(0)}$$

O retorno esperado (ou rentabilidade esperada) do ativo financeiro $R_i$ será denotado por $r_i$, calculado no período 1 a T, ou seja,

$$r_i = E(R_i) = \frac{1}{T}\sum_{t=1}^{T} R_i(t)$$

O risco do ativo financeiro i será representado pelo desvio padrão $\sigma_i$ de $R_i$:

$$\sigma_i = \sqrt{E(R_i - r_i)^2} = \sqrt{\frac{1}{T-1}\sum_{t=1}^{T}(R_i(t) - r_i)^2}$$

Observamos nesse caso o uso do denominador T – 1, usado por se tratar de uma amostra do valor do ativo num certo período limitado (de 1 a T).

De posse de uma série histórica de valores do ativo $S_i$, preços de uma ação, por exemplo, podemos extrair estimativas para essas variáveis, com diferentes períodos, sendo o diário o mais utilizado.

A tendência de uma ação mover-se com o mercado é dada pelo coeficiente beta ($\beta$), que é a medida da *volatilidade* de uma ação em relação a um conjunto de ativos que compõe um índice de referência (Ibovespa). Intuitivamente, os ativos que se movimentam mais que o Ibovespa serão mais arriscados do que os que se movimentam menos. Estatisticamente, esse risco é medido pela covariância do ativo em relação ao Ibovespa. A covariância é uma medida não padronizada de risco de mercado. Para padronizar essa medida, dividimos a covariância de um ativo i em relação ao Ibovespa pela variância do Ibovespa. Isso resulta no *beta* do ativo i:

$$\beta_i = \frac{\text{covariância do ativo i em relação ao Ibovespa}}{\text{variância do Ibovespa}}$$

A covariância do Ibovespa consigo mesmo é a sua variância. Sendo assim, o beta de referência é igual a 1,0. Desse modo, uma ação de risco médio é definida como aquela que tende a subir e descer de acordo com o mercado geral e tem um coeficiente beta próximo a 1,0. Se β < 1, a ação tem volatilidade menor que a do mercado, sendo considerada um ativo defensivo. Com β > 1, a ação será mais volátil do que o mercado, sendo considerada um ativo agressivo.

A covariância entre duas variáveis X e Y é dada por (*n* representa o número de observações):

$$S_{XY} = \frac{\Sigma xy}{n} \qquad \text{onde} \qquad \Sigma xy = \Sigma(X.Y) - \frac{\Sigma X.\Sigma Y}{n}$$

### A análise gráfica

De posse de uma série histórica dos valores de fechamento de um ativo Si qualquer, pode-se determinar a reta/curva ideal de regressão para esse ativo. As formas funcionais mais utilizadas para esse fim são: linear, logarítmica, semilogarítmica, etc.[19]

A escolha da melhor função, em modelos com apenas uma variável explicativa, pode ser feita com base na magnitude do coeficiente de determinação ($R^2$) e da estatística F.[20] Quanto mais elevado for o valor dessas estatísticas, os dados ajustam-se mais adequadamente à forma matemática especificada.

---

[19] Para mais detalhes sobre essas formas de regressão linearizáveis, recomendamos Gujarati (2006).

[20] Para mais detalhes sobre o cálculo das estatísticas $R^2$ e F, recomendamos Gujarati (2006).

Ao se proceder à regressão, são calculados os parâmetros da função, considerando que o valor do ativo é função do tempo.[21] O tempo pode ser considerado uma variável explicativa (X), assumindo os valores 1, 2, 3, etc. para cada preço de fechamento (diário) da ação. Com a regressão pronta, usa-se a função matemática para efetuar decisões de comprar ou vender ações do ativo analisado. A decisão é tomada com base no seguinte procedimento: seja um instante T, no qual o ativo i apresenta um preço $S_i(T)$:

a) Se $S_i(T)$ for menor do que o valor do ativo calculado pela forma funcional de regressão, recomenda-se a compra desse ativo.
b) Se $S_i(T)$ for maior do que o valor do ativo calculado pela forma funcional de regressão, recomenda-se a venda desse ativo.

Por exemplo, suponha que a regressão do preço da ação (Y, em reais) em função do tempo (X, em dias), seja Y = 9,496535 + 0,018345.X. Supondo que o dia da negociação seja equivalente a X = 248, pela aplicação da fórmula o preço estimado é R$ 14,05. Se o pregão da bolsa de valores estiver negociando essa ação a um preço menor que R$ 14,05, isso é uma indicação de que o preço está barato, e a recomendação é a compra do papel. Por outro lado, se o preço de negociação estiver acima deste valor, a recomendação é a venda do ativo.

Dessa forma, a regressão não influencia a decisão de investir ou não em um certo ativo. Ela apenas auxilia na percepção do momento adequado para comprar ou vender um ativo em carteira.

A planilha eletrônica facilita bastante os cálculos das estatísticas descritas, bem como permite a análise gráfica de maneira bem simplificada.

## O trabalho em sala de aula

O projeto foi conduzido com alunos do 4º ano do curso de Ciências Econômicas, que voluntariamente se interessaram, e os en-

---

[21] Essa consideração é uma simplificação, *coeteris paribus*, com fundamento na Teoria Capitalista.

contros para operacionalização do projeto se deram durante as aulas da disciplina de Estatística Econômica.

Os objetivos do projeto foram debatidos com os alunos, que expuseram suas ideias e acordaram quanto aos pontos principais. Assim, eles se dividiram em grupos, e o projeto foi desenvolvido em cinco etapas.

### Etapa 1

Os grupos de cinco alunos deveriam escolher dez empresas com ativos negociados na Bovespa, para uma análise prévia de potencial de lucratividade com esses papéis. Os critérios de escolha desses papéis seriam livres, mas necessariamente os grupos deveriam justificar as escolhas adotadas. Os alunos deveriam cadastrar-se no site <http://www.infomoney.com.br> e efetuar algumas operações de compra e venda de ativos (virtualmente) para se familiarizar com o sistema. O primeiro relatório deveria ser entregue um mês após o início do projeto e nele deveria constar um levantamento do preço de fechamento dos papéis selecionados pelo período mínimo de 200 dias úteis. Esse levantamento poderia ser feito por meio dos dados do site *infomoney*, que fornece gratuitamente esse tipo de informação.

### Etapa 2

Em um período de um mês os alunos deveriam fazer opção por cinco das dez empresas inicialmente selecionadas para realizar os investimentos. O critério de seleção deveria ser baseado na análise de risco-retorno e do beta, calculados com o auxílio do Excel, além de um ou mais critérios de análise fundamentalista ou técnica.[22] No final desta etapa, os alunos deveriam apresentar o segundo relatório do projeto, com as escolhas feitas e as devidas justificativas.

### Etapa 3

No período de um mês após a conclusão do segundo relatório, os grupos deveriam, para cada um dos cinco papéis (ações) sele-

---

[22] Esse critério era livre, mas os alunos deveriam justificar a escolha e explicar o seu cálculo.

cionados, realizar regressões (linear, logarítmica, etc.) para obter a formulação matemática necessária para realizar as operações de compra e venda e escolher o melhor modelo, com base nas estatísticas de avaliação $R^2$ e F. As regressões deveriam ser realizadas com base nos históricos das ações levantados na primeira etapa do projeto. O relatório desta etapa deveria conter um resumo dos resultados obtidos, e as regressões deveriam ser realizadas com auxílio do programa Excel.

Etapa 4

A partir da entrega do terceiro relatório, os grupos ficariam liberados para fazer as aplicações nos cinco papéis selecionados. Os grupos deveriam aplicar inicialmente R$100.000,00 em cada papel, deixando disponível R$ 500.000,00 em conta corrente para movimentação posterior. Essas aplicações deveriam ser feitas de maneira virtual, mediante um mecanismo disponível, sem custo, no site do *infomoney*. As operações de compra e venda dos papéis adquiridos deveriam basear-se nas regressões. Em uma data fixada, todas as aplicações deveriam ser encerradas, retornando o saldo remanescente para a contabilização. O relatório dessa etapa deveria ser entregue em um prazo de três meses.

Etapa 5

Essa etapa corresponde ao fechamento do projeto, com a discussão, o debate, a troca de experiências entre professor e alunos, abordando as dificuldades, os pontos positivos e negativos das atividades realizadas, as críticas e sugestões.

**Desenvolvimento do projeto**

Os encontros realizados durante o projeto foram importantes para dirimir dúvidas e esclarecer alguns pormenores dos relatórios, bem como eram usados para as reuniões entre os membros dos grupos e trabalhos nos computadores do laboratório da faculdade.

O trabalho cooperativo dos membros dos grupos foi se aprimorando ao longo da execução do projeto e dentro dos grupos despontaram líderes que assumiam maior controle sobre as tarefas.

A maioria das dúvidas era sanada dentro do próprio grupo ou com os colegas dos demais grupos.

Ao todo, 36 alunos participaram do projeto, sendo divididos em 8 grupos. Nem todos os grupos escolheram dez empresas na primeira etapa. Em geral, grupos com mais de cinco alunos optaram por pesquisar mais de dez empresas, e grupos com menos de cinco alunos preferiram pesquisar menos de dez empresas.

No final dos trabalhos, o retorno dos alunos foi bastante positivo. Poucas críticas foram realizadas ao longo do período de execução e foram observados diversos comentários positivos às atividades realizadas.

## Etapa 1

Os grupos entregaram o primeiro relatório contendo as empresas selecionadas. Foram observadas 38 empresas diferentes. Notamos nessa etapa a dificuldade dos alunos em resumir as informações importantes e em redigir o relatório, evidenciando pouca familiaridade com esse tipo de atividade.

Entre as empresas escolhidas pelos alunos para análise, destacamos a presença das empresas Ambev, fabricante de bebidas alcoólicas, a Souza Cruz, fabricante de cigarros, e a Taurus, fabricante de armas, entre outras. Esse fato seria discutido posteriormente.

Não foram trabalhados conteúdos estatísticos nessa primeira etapa do projeto.

## Etapa 2

Os grupos calcularam o risco, o retorno e o beta. Embora já estivessem familiarizados com a planilha eletrônica, muitos grupos tiveram dificuldade principalmente no cálculo do beta. Como foi pedido para que os alunos obtivessem mais um critério de avaliação dos ativos, observamos nos relatórios a presença dos indicadores:[23] *Dividend Yeld* (DY), Índice de Liquidez Corrente (LC), Lucro por Ação, Relação entre Preço e Lucro e *Payout Ratio*.

---

[23] Para mais detalhes sobre esses indicadores, sugerimos consulta a Gitman (2004).

Um dos grupos, com três participantes apenas, pesquisou 16 empresas, avaliando o risco, o retorno, o beta, o DY, a LC e ainda fez análises gráficas de média móvel e de tendência linear. O aluno Ricardo[24] explicou o que levou o grupo a assumir tantos trabalhos:

> Gostamos do tema e nos interessamos muito em aprender a analisar o mercado de capitais. Como todos do grupo tinham essa mesma ideia, decidimos trabalhar com mais empresas para poder aprender mais sobre o comportamento de suas ações. Também decidimos incluir mais critérios de avaliação dos papéis e todos se empenharam bastante. Buscamos superar os objetivos da etapa e gostamos do resultado.

Ainda sobre esse grupo, seus três participantes são alunos de dependência (reprovados no ano anterior), ou seja, são alunos que apresentaram muitas dificuldades no ano anterior e que não conseguiram superá-las de forma a serem aprovados. Com garra e motivação, esse grupo mostrava mais dedicação que os demais.

Nessa etapa tivemos o trabalho com grandezas estatísticas aplicadas à análise das ações, tais como a média aritmética, o desvio padrão, a variância e a covariância, além dos índices que alguns grupos calcularam. O aluno Jair comentou suas impressões sobre os cálculos estatísticos:

> Eu não me lembro de ter visto uma utilidade prática para o desvio padrão antes de fazer esse trabalho. Eu não tinha noção do que realmente essa grandeza media e qual a sua importância. O uso do Excel facilitou muito os cálculos. Não seria possível, só usando a calculadora, calcular tantas coisas com mais de 200 dados.

Notamos um crescimento no potencial de desenvolvimento dos alunos, evidenciado pela evolução na qualidade dos relatórios das etapas 1 e 2. Como não entregamos os conteúdos prontos para os

---

[24] Os nomes aqui apresentados são fictícios.

alunos, eles tiveram que pesquisar, favorecendo o alcance dos objetivos da etapa.

### Etapa 3

Os grupos fizeram várias regressões para cada ação e escolheram a melhor forma funcional com base no $R^2$ e na estatística F. As regressões foram feitas com auxílio da planilha eletrônica Excel.

Uma ocorrência que merece destaque se passou com o grupo II. A regressão do ativo Bradesco PN pelo modelo recíproco II[25] tinha $R^2$ de 0,901 e pelo modelo linear, 0,895. O grupo optou pelo modelo linear. Questionado sobre por que fez essa opção, o aluno Silvio ponderou:

> Os resultados do $R^2$ e do F estavam muito próximos. Como não havia uma diferença significativa, optamos pelo modelo linear, baseado no critério de simplicidade.

Essa ocorrência evidencia que o aluno (e seu grupo) interpretou os resultados e não apenas seguiu uma regra de seleção. Baseado em sua (correta) interpretação, tomou uma decisão firme e soube justificá-la quando perguntado. Eles fugiram das conjecturas de verdadeiro ou falso e confiaram na qualidade de seu raciocínio, demonstraram conhecimento e consciência sobre os dados em seu contexto e ainda demonstraram habilidade em comunicar suas escolhas. Isso mostra também a capacidade de ir além do que é ensinado, explicitando que o que os cálculos dizem sobre o problema pode e deve ser complementado com uma interpretação consciente sobre seus significados.

O grupo III vivenciou uma situação bastante semelhante. Ao fazer a regressão sobre o ativo AES Tietê PN, obteve $R^2 = 0,903$ para a regressão linear e 0,918 para a regressão Semilogarítmica I. Para esse ativo, o grupo optou pela regressão Semilog, justificando a escolha pelo maior valor da estatística $R^2$. Evidentemente o grupo não errou,

---

[25] Também chamado de modelo hiperbólico, tem a seguinte formulação matemática: $1/Y = a + b.X$.

apenas procedeu conforme manda o livro, ou seja, preferiu reproduzir o que lhe fora ensinado pelos manuais.

## Etapa 4

Nessa etapa os grupos fizeram as negociações de compra e venda das ações no mercado virtual. As decisões de compra e de venda deveriam ser baseadas nos valores de mercado comparados com os valores preconizados nas regressões. Ocorre que, na época das negociações, as regressões já estavam defasadas, pois tinham sido feitas com base em um histórico dos preços das ações que ficara no mínimo um mês atrás das datas de compra e de venda. Sendo assim, os grupos deveriam tomar a decisão de atualizar as regressões antes de efetuar as negociações, o que não foi feito por todos eles. Destacaremos a performance de três grupos:

- Grupo I: Fez investimentos em ações de quatro companhias. Atualizou suas regressões e obteve lucro com ações de Petrobras e Net, mas contabilizou prejuízos com as ações de Comgás e Embraer. O grupo organizou bem o extrato de movimentações, fundamentou suas negociações com base nas regressões e apresentou como resultado global um lucro de R$ 4.100,00 no período. As regressões benfeitas e atualizadas auxiliaram o grupo a tomar decisões corretas de compra e venda. A aluna Janaína explicou:

  > O site *infomoney* apresenta muitas informações relevantes, e considerando ainda os valores calculados pelas regressões, conseguimos fazer boas negociações e no final tivemos lucro. Apesar do desempenho negativo da Comgás, o ativo Net teve excelente performance, talvez devido à Copa do Mundo,[26] que influencia diretamente esse setor.

- Grupo II: Aplicou os recursos em ações de cinco companhias. Atualizou suas regressões e obteve lucro com as ações

---

[26] A aluna se refere à Copa do Mundo de Futebol, realizada em 2006, ano em que foi executado este projeto.

de Bradesco, Sadia e TAM, mas teve prejuízos com as ações de Vale e Ambev. Esse grupo apresentou em seu relatório gráficos com o preço de fechamento das ações em função do tempo, indicando as posições em que efetuaram as compras e as vendas. Trata-se de um gráfico bastante elucidativo, pois apenas visualizando a posição das compras e das vendas já se pode saber se as negociações daquele ativo resultaram em lucro ou em prejuízo. Perguntado por que o grupo atualizou as regressões, o aluno Guilherme fez o seguinte comentário:

> Se nos baseássemos em uma regressão não atualizada, com duas ou três semanas de diferença entre a primeira aquisição e as seguintes negociações, os dados como referência que obteríamos seriam um pouco fora da realidade dos preços negociados na bolsa de valores. Sendo assim, ao fazermos um gráfico comparativo notamos que as variações dos valores de cada ação na regressão não atualizada estavam mais altas que as variações dos valores negociados na bolsa. Dessa forma, ao analisarmos o gráfico comparativo, surgiram disparidades dos valores das ações.

O grupo foi bastante dedicado e apresentou um relatório bem detalhado. A ideia do gráfico foi muito boa, e o grupo apresentou o melhor resultado: lucro de R$ 4.300,00.

- Grupo III: Os recursos desse grupo foram aplicados em ações de quatro companhias. O grupo obteve lucro com as ações da TAM, mas contabilizou prejuízos com as ações da AES Tietê, Telemar e CSN. O resultado global foi um prejuízo de R$ 3.480,00. O grupo não atualizou as regressões e encontrou valores de mercado muito distantes dos valores previstos pelas equações. Perguntada sobre os motivos que levaram o grupo a ter prejuízo, a aluna Kátia fez o seguinte comentário:

> Um ponto forte que justifica nosso resultado negativo foi o uso das regressões. No caso da Telemar, os analistas de mercado aconselhavam a manutenção da carteira, porém através das regressões e dos valores estimados, os cálculos indicavam compra

forte, com isso comprávamos cada vez mais papéis deste ativo que estava em queda. Talvez tenha sido esse o motivo pelo resultado negativo. Aprendemos que não podemos tomar decisões no mercado financeiro apenas baseados em dados teóricos ou estimados. Devemos analisar todos os setores da empresa em que estamos investindo e levar em consideração todas as suas mudanças internas, pois isso irá refletir positiva ou negativamente no valor de suas ações.

O depoimento revela que o grupo não refletiu sobre o porquê da diferença entre o valor estimado pela equação e o valor de mercado, não percebendo a necessidade de atualização dos dados para efetuar novas regressões.

Embora nem todos os grupos tenham apresentado lucro, muitos tomaram boas decisões com base nos cálculos e nos dados disponíveis. A principal falha nesse ponto foi quando não evidenciaram confiança para mostrar que os conceitos precedem o cálculo. Ao perceberem os resultados das regressões muito distantes dos valores reais, muitos alunos simplesmente julgaram que o mercado estava incoerente e não refletiram sobre o conceito de regressão com base em séries temporais, que não pode ficar muito defasado sob o risco de não refletir a realidade. Essa falha também decorre da falta de atitudes de questionamento e de crítica sobre os dados provenientes dos cálculos.

Outra falha observada refere-se à falta de ceticismo sobre os dados. Vimos isso quando alguns grupos não souberam lidar com um problema ocorrido com as ações da Vale. Alguns grupos simplesmente lamentaram que as ações, que num dia custavam R$ 80,00, no outro passaram a custar R$ 40,00 (a empresa subdividiu as ações). Não tiveram a iniciativa de se perguntar o porquê desse comportamento e investigar suas causas. Pelo contrário, alguns grupos aceitaram passivamente esse choque de preços e contabilizaram seus prejuízos.

Alguns grupos tomaram decisões de compra e venda apenas baseados nos cálculos das regressões, sem analisar a qualidade dos resultados e a adequação das equações e fórmulas. Não questionaram os métodos, mas inventaram regras de decisão para facilitar os julgamentos. Parecia mais fácil julgar o verdadeiro ou falso (comprar ou vender) do que refletir sobre os métodos e interpretar de maneira mais profunda os dados.

Dessa forma, avaliamos que a etapa 4 foi a mais complexa, na qual os alunos tiveram mais dificuldades, mas que representou uma boa oportunidade de desenvolver aspectos importantes da interpretação e análise estatística de dados.

Numa aula posterior à entrega do último relatório, foi feito um debate sobre os resultados alcançados, sobre as estratégias dos grupos e as dificuldades encontradas. Foram levantados questionamentos sobre os cálculos, sobre as interpretações e as decisões, e os grupos foram se posicionando, assumindo as falhas e refletindo sobre suas ações. As dúvidas dos alunos foram debatidas e sanadas, algumas vezes pelos próprios colegas, que expunham seus pontos de vista e mostravam seus entendimentos sobre as questões mais delicadas.

Os alunos se sentiram valorizados e perceberam que suas dúvidas eram bastante pertinentes e que haviam ocorrido com seus colegas também. Aos poucos, eles foram expondo suas ideias e incertezas, possibilitando uma rica troca de experiências e a ocorrência de um debate construtivo.

## Etapa 5

Essa etapa consistiu em debate, discussão e reflexão sobre os aspectos sociais e políticos envolvidos no projeto. Dividimo-la em duas sessões:

1) projeção do filme *O jardineiro fiel*, seguido de leitura de um texto intitulado "The Constant Gardener";
2) leitura e discussão dos textos "Voto nulo e o anti-inflamatório" e "Robôs e o mercado de capitais".[27]

A exibição do filme foi feita na própria sala de aula. A ligação entre o enredo do filme e o tema do projeto é que o roteiro do primeiro trata de uma empresa farmacêutica europeia que testa novos

---

[27] Esses textos podem ser encontrados em Campos (2007).

medicamentos em populações carentes do Quênia, na África. Ávidos por lançar um novo medicamento capaz de curar a tuberculose, os executivos da empresa farmacêutica manipulam os resultados dos testes com o objetivo de obter autorização para lançamento comercial do medicamento. Assim, eles obteriam um grande lucro com a elevação no preço das ações da empresa farmacêutica no mercado de capitais europeu. A exibição do filme provocou forte comoção entre os presentes, que se emocionaram com a história e, de certa forma, se identificaram com o tema e os personagens.

Para iniciar um debate sobre o tema do filme e sua ligação com o projeto, os alunos foram convidados a ler o texto "The Constant Gardener", com alguns comentários sobre o filme. Seguiu-se uma conversa entre professor e alunos e entre alunos e alunos.

Ficou em evidência a indignação dos presentes com a ganância das empresas em procurar o lucro, não importando os meios que procedem para obtê-lo. Foi debatida também a problemática do continente africano, a miséria a que sua população é submetida, a difícil realidade social que é retratada no filme, fazendo-se um paralelo com a população favelada das grandes cidades brasileiras.

Reproduzimos a seguir alguns comentários feitos pelos alunos:[28]

> Esse filme nos faz pensar sobre o que o ser humano é capaz de fazer para obter vantagem, dinheiro, status. Coloca a vida de pessoas em risco para ganhar mais dinheiro, não se preocupando com nada ao seu redor, somente o lucro.
> Devemos nos questionar sobre as injustiças cometidas no mundo e nossa contribuição para que esses fatos aconteçam. Acredito que temos uma parcela de culpa nesses episódios, a partir do momento que compramos produtos dessas empresas. Devemos nos policiar em nosso consumo e não incentivar essas empresas comprando seus produtos, pois assim estaríamos prejudicando outras pessoas e também nosso meio ambiente.

---

[28] Optamos nessa etapa por não identificar os alunos que proferiram os comentários, pois os mesmos não foram feitos em depoimentos individuais, mas sim num debate coletivo. A referida aula foi gravada em áudio sem a identificação prévia do aluno para não afetar a espontaneidade dos relatos.

Não podemos deixar que esses fatos aconteçam com naturalidade em nossas vidas.

Queria agradecer pela oportunidade de reflexão sobre um problema social tão grave e tão próximo do nosso convívio. Temos que trabalhar para que tal problema seja extinto no futuro.

O debate foi intenso e acalorado. Os alunos mostraram-se indignados com o descaso da indústria farmacêutica em relação aos efeitos prejudiciais à saúde que alguns remédios provocam. Foi mencionado que, quando alguém compra ações de uma empresa, torna-se sócio dela e, por conseguinte, incentivador de sua atividade, seu investidor. O professor comentou que alguns grupos investiram, no projeto, em ações de companhias de tabaco e em ações de companhias produtoras de bebidas alcoólicas também, além de uma companhia fabricante de armas. Esses casos parecem ser os mais evidentes de companhias que pouco ou nada se preocupam se o seu produto faz bem ou mal às pessoas que o consomem. Foi mencionada também a questão ambiental, os desastres ecológicos causados por certas companhias, principalmente a Petrobras, e foi discutido se essas empresas realmente têm alguma preocupação com o meio ambiente, o saneamento, a proteção das reservas naturais, etc.

Na aula seguinte, foi proposta a leitura do texto "Voto nulo e o anti-inflamatório". À leitura seguiu-se um debate sobre o tema do artigo. Os alunos mostraram-se surpresos com a informação de que alguns remédios famosos, presentes no mercado brasileiro há mais de dez anos, poderiam causar mal à saúde. Muitos comentaram que já haviam tomado tais remédios e nem faziam ideia do risco a que estiveram submetidos ao fazer uso desses medicamentos. O fato que estava sendo comentado era que pesquisas que haviam sido divulgadas recentemente revelavam que o uso de certos medicamentos anti-inflamatórios aumentavam o risco de enfarte.

O referido texto faz ainda uma ligação desse tema com as eleições, que se realizariam poucos dias após a data desse episódio. A proximidade do processo eleitoral foi lembrada e, oportunamente, foi discutido, com base nesse texto, o problema do voto nulo, da alienação, do descontentamento e da desilusão da população com a classe política que governa nosso país.

Fechando esse debate, foi proposta a leitura de mais um texto, intitulado "Robôs e o mercado de capitais". Ele relata a existência no mercado norte-americano de fundos de investimentos geridos por programas de computador. Com base na mesma ideia que deu origem ao projeto, ou seja, no cálculo de grandezas de avaliação das ações como o risco, o retorno e o beta, pesquisadores desenvolveram um programa computacional que se autoalimenta com os dados do mercado e que calcula essas grandezas para todos os papéis negociados em bolsa, podendo dessa forma selecionar as melhores opções de investimento. Além disso, o programa faria as regressões, atualizadas todos os dias, para todos os papéis e, dessa forma, seria possível identificar as melhores oportunidades de compra e de venda dos ativos, maximizando os ganhos dos aplicadores. O texto menciona ainda que, numa comparação com os fundos geridos por especialistas humanos, os geridos por robôs[29] levavam vantagem em termos de rentabilidade média acumulada nos últimos anos.

Esse texto relatou fatos que causaram indignação aos alunos, afinal, eles, profissionais que seriam após o término da faculdade, estariam sendo substituídos por programas de computador que supostamente fariam um trabalho mais competente e rentável que os humanos, tendo em vista os resultados obtidos. Os alunos sentiram a dura e difícil realidade que os espera no mercado de trabalho e se questionaram sobre o que poderia ser feito para mudar tal situação.

Reproduzimos a seguir alguns comentários feitos pelos alunos:[30]

> O capitalismo, da forma que foi implantado na sociedade globalizada, tende a acúmulos de renda cada vez maiores, causando

---

[29] Na verdade os robôs não existem fisicamente, essa é uma analogia feita pelo texto devido ao fato de os fundos serem geridos por programas computacionais.

[30] Novamente não estamos identificando os alunos que fizeram os comentários pelos mesmos motivos já citados em nota anterior.

péssima distribuição da mesma. As massas de pessoas abaixo da linha de pobreza se acumulam, e o destino disso é preocupante. Acho que só podemos aguardar e torcer para que não inventem uma máquina que nos substitua, embora saibamos que isso é só uma questão de tempo.

Isso é um processo que já ocorreu na indústria, nos bancos e que agora tende a ocorrer em outras áreas. Se os profissionais não se organizarem para lutar por seus interesses, a tendência é que os empregos fiquem cada vez mais escassos, mais raros.

O debate sobre esse tema foi bastante intenso, e os assuntos foram bastante motivadores de discussões que provocaram bastante indignação nos alunos e que os despertaram para uma realidade difícil e que não é retratada nos livros que eles normalmente têm como referência em seus estudos.

### Projeto 2: Usando simulação para a abordagem de conceitos de distribuição amostral, margem de erro e níveis de confiança

Pesquisas amostrais sobre intenção de votos entre os próprios estudantes em períodos de eleições presidenciais, sem preocupações metodológicas, são importantes apelos motivacionais para provocar interesses tanto no trabalho com o conteúdo que envolve a estatística descritiva quanto nas metodologias adotadas em pesquisas de opinião. Além disso, essas pesquisas, como igualmente as realizadas por institutos especializados, contribuem para os trabalhos com gráficos diversos, entre os quais os gráficos em linha, que mostram, por exemplo, tendências sobre as intenções de votos dos candidatos. Essas sondagens envolvem conceitos comentados na imprensa e que fazem parte de trabalhos com amostras, porém são difíceis de serem compreendidos pelos alunos.

A simulação de resultados amostrais, a partir de informações populacionais conhecidas através de um censo, propicia a construção de ambientes de aprendizagem apropriados para a abordagem de conceitos relacionados com amostragem, distribuição amostral, margem de erro, níveis de confiança e tamanho de uma amostra. A abordagem da distribuição amostral de uma proporção com base em simulação de resultados amostrais é proposta por Moore (1995).

Entre essas informações populacionais, os resultados finais de uma eleição majoritária transformam-se em importantes apoios pedagógicos, quer pelas possibilidades estatísticas que elas oferecem, quer pelas discussões políticas e sociais que elas propiciam. Com base na porcentagem de votos obtida por um dos candidatos (a do vencedor, por exemplo), podemos simular resultados amostrais com tamanhos de amostras diferentes. Como mostraremos na seção seguinte, usamos o primeiro turno das eleições presidenciais de 2010, vencido pela candidata Dilma Rousseff com aproximadamente 43% dos votos, como modelo para a simulação amostral que fizemos.

O comando "amostragem", disponível na planilha eletrônica do Excel, é bastante útil nesses procedimentos de simulação de resultados amostrais. Usamos esse comando e a opção "Cont.Se" para o trabalho com simulação de resultados amostrais que realizamos com estudantes de um curso de graduação em Ciências Sociais, apresentado logo após uma breve seção sobre os projetos de modelagem, desenvolvidos por esses estudantes, também com base nas eleições presidenciais brasileiras de 2010.

## Projetos de modelagem relacionando as eleições presidenciais de 2010 e o ensino de Estatística

Eleições majoritárias sugerem temas importantes para a abordagem de conteúdos estatísticos com base em projetos de modelagem. Em anos eleitorais, pesquisas sobre as opiniões dos eleitores são frequentemente apresentadas e discutidas pela mídia. Com as intenções de discutir essas pesquisas, abordar tópicos relacionados com a estatística descritiva e preparar os alunos para os trabalhos práticos baseados na simulação e voltados para a aprendizagem de conceitos intrínsecos à amostragem, propusemo-lhes projetos de modelagem matemática abordando as eleições presidenciais de 2010. Tais projetos foram desenvolvidos em duplas e realizados em duas etapas: na primeira delas, os alunos aproveitaram seus conhecimentos políticos e sociais, aprendidos no curso, para uma discussão, na sala de aula, sobre o tema eleições presidenciais. Em seguida escolheram as variáveis com as respectivas alternativas para compor o questionário para a coleta de informações sobre a pesquisa de intenção de votos que seria realizada logo a seguir. Além da questão específica sobre a intenção de voto em um dos candidatos a presidente da república, variáveis como gênero, idade, tipo de escola frequentada, avaliação do presidente Lula também fizeram parte desse questionário. Essas variáveis são importantes para os cruzamentos de informações e para interpretação do pensamento do eleitor, de acordo com algumas de suas características.

Na segunda etapa os alunos saíram a campo e realizaram três pesquisas sobre intenção de votos, sem qualquer abordagem metodológica, usando amostras convenientes com alunos da universidade. Essas amostras, apesar de não permitirem inferências sobre a opinião dos estudantes da universidade, possibilitaram o fornecimento de resultados que puderam ser comparados com aqueles que estavam sendo publicados pela mídia e obtidos pelos diversos institutos profissionais de pesquisa. Além disso, esses trabalhos práticos provocaram discussões tanto sobre as diferenças de resultados apresentados por cada um dos institutos quanto sobre questões inerentes à amostragem, envolvendo, principalmente, margem de erro e número de sujeitos nas amostras.

Após cada pesquisa, os alunos elaboraram relatórios escritos contendo gráficos, tabelas, relacionamentos entre variáveis, dados de outros institutos, resultados de suas leituras, etc. Para a geração de tabelas e de gráficos usamos o recurso "Tabelas e Gráficos Dinâmicos", disponível no Excel. Algumas duplas buscaram inserir em seus relatórios conhecimentos políticos e sociais aprendidos nas disciplinas específicas do curso e, com eles, interpretar os resultados estatísticos obtidos em seus trabalhos práticos. Esses relatórios e os trabalhos desenvolvidos em sala de aula foram utilizados para a composição das médias dos alunos.

A partir das discussões políticas em sala de aula e dos posicionamentos dos alunos em relação às pesquisas amostrais, bem como dos seus interesses sobre amostras e amostragem, apresentamos a proposta de continuação dos trabalhos, narrada na seção seguinte.

## A simulação de resultados amostrais com base em resultados populacionais conhecidos e extraídos de grandes populações

Duas importantes questões sobre variabilidade em resultados amostrais:

1) Se tomarmos duas amostras aleatórias diferentes, de mesmo tamanho e extraídas da mesma população, os resultados amostrais serão diferentes?
2) Se tomarmos várias amostras aleatórias diferentes, de mesmo tamanho e da mesma população, como será a distribuição dos resultados?

Neste momento, as diferenças conceituais entre parâmetro e estatística precisaram ser estabelecidas:

> Um parâmetro é um número que descreve a população. Um parâmetro é um valor que, em geral, não é conhecido, mas sim estimado por uma estatística. Usamos $p$ para representar o parâmetro que corresponde à proporção de sujeitos que se enquadra em uma categoria de uma variável nominal (ou categorizada).
>
> Uma estatística é um número que descreve uma amostra. O valor de uma estatística é conhecido quando temos uma amostra, mas este valor pode variar de amostra para amostra. Geralmente usamos uma estatística para estimar o parâmetro de uma população. Essa estatística que corresponde à proporção de sujeitos em uma amostra que se enquadra em uma categoria de uma variável nominal é representada por $\hat{p}$.

Assim, numa pesquisa amostral sobre intenção de votos, o resultado divulgado é uma estatística usada para, naquele momento, estimar a proporção de votos dos candidatos que competem em uma eleição. O resultado final, depois das urnas apuradas, é um parâmetro.

## Usando o comando amostragem para simular resultados amostrais com base nos resultados das eleições presidenciais de 2010

No projeto que desenvolvemos consideramos o primeiro turno das eleições presidenciais de 2010, vencido pela candidata Dilma Rousseff (D) com cerca de 43% de todos os votos. Para simplificar os procedimentos de simulação arredondamos o resultado para 40%. Assim, $p = 0,40$ e $1 - p = 0,60$ (proporção de eleitores que não votaram em Dilma Rousseff - ND).

Dessa forma amostras aleatórias devem refletir esses resultados, ou seja, em uma amostra aleatória simples (AAS) com 100 sujeitos, cerca de 40 devem ter votado em D e cerca de 60 em ND. Em AAS com 2.000 sujeitos, cerca de 800 devem ter votado em D e cerca de 1.200 em ND.

Para a *simulação de resultados*, consideramos os dez algarismos e geramos amostras com os resultados (algarismos) de 2.000 sujeitos em cada uma delas. Os algarismos 0, 1, 2, 3 correspondiam à intenção de votos em D (40% de 10) e os algarismos 4, 5, 6, 7, 8, 9 correspondiam à intenção de voto em ND (60% de 10). Para a *obtenção dos resultados amostrais*, com base na opção "amostragem", disponível em "dados/ferramentas de análise" (comandos disponíveis na versão 2007 do Excel), indicamos aos alunos os procedimentos que deveriam ser adotados. Para a *contagem das intenções de votos em cada amostra*, usamos o comando "Cont.Se", disponível em fx/Estatística, com o critério "< 4" para a contagem das intenções de voto em D.

No exercício que fizemos no laboratório de informática, cada aluno gerou cerca de 50 amostras. Obtivemos, no total, resultados de 1.000 amostras. Para que todos os resultados pudessem ser juntados e informações estatísticas e gráficas dos resultados dessas 1.000 amostras com 2.000 sujeitos em cada uma delas pudessem ser obtidas, as planilhas individuais foram enviadas por e-mail para o professor. Uma planilha única, com todos os resultados simulados, foi disponibilizada para os alunos. Com base nas medidas extremas, mínimo = 0,3675 e máximo = 0,4315, introduzimos o conceito de variabilidade amostral:

> Se retirarmos amostras de mesmo tamanho da mesma população e para cada amostra calcularmos uma estatística de interesse, os valores dessas estatísticas irão variar de amostra para amostra. A essa situação chamamos *variabilidade amostral*.

No caso, a variabilidade amostral foi $\Delta_{2000} = 0{,}4315 - 0{,}3675 = 0{,}064$.

Se tivéssemos considerado todas as amostras possíveis com 2.000 sujeitos em cada uma delas (o que seria quase impossível de ser realizado), os resultados obtidos seriam parecidos com estes que envolveram 1.000 amostras. Essa distribuição com base em resultados de todas as amostras é chamada distribuição amostral da proporção $\hat{p}$. Apresentamos o seu conceito:

> A *distribuição amostral de uma estatística* é a distribuição de todos os valores possíveis que ela assume quando são retiradas todas as amostras de mesmo tamanho da mesma população.

O histograma correspondente a esses dados amostrais com 1.000 amostras com 2.000 sujeitos em cada uma delas é mostrado no Graf. 1.

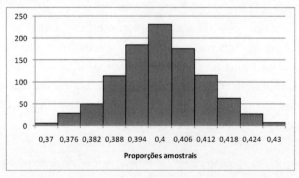

Gráfico 1 – Histograma da distribuição amostral de $\hat{p}$ quando $p = 0{,}40$ e 1.000 amostras com 2000 sujeitos

A média aritmética da distribuição amostral, igual a 0,40, coincide com a proporção verdadeira p = 0,40, e o desvio padrão é igual a 0,01110. Essas informações compõem o nosso primeiro resultado que, como a maioria dos demais que apresentamos, pode ser demonstrado no âmbito da Estatística Matemática.

---

**Resultado 1**: A média aritmética da distribuição amostral de uma proporção $\hat{p}$ é igual ao parâmetro p ($\mu = p$), e o desvio padrão é obtido pela equação

$$\sigma_{\hat{p}} = \sqrt{\frac{p \times (1-p)}{n}}$$

---

Obs.: Quando usamos a fórmula para o desvio padrão encontramos $\tau_{\hat{p}} = 0,01095$.

Com relação ao histograma no Graf. 1, observamos que:

1) Ele é aproximadamente simétrico, centrado em $\mu = p = 0,40$. Isso significa que se ele for dobrado ao meio, em torno da vertical passando pelo centro, ambos os lados do histograma irão coincidir.
2) Cerca de 68% das amostras forneceram estatísticas ao redor da média, com uma variação de 1 desvio padrão para mais e para menos. Em 684 amostras encontramos $\hat{p}$ entre 0,3889 e 0,4111.
3) Cerca de 95% das amostras forneceram estatísticas ao redor da média com variação de 2 desvios padrões. Em 948 amostras encontramos $\hat{p}$ entre 0,3778 e 0,4222.
4) Cerca de 100% das amostras forneceram estatísticas ao redor da média com variação de 3 desvios padrões (em 1.000 amostras encontramos $\hat{p}$ entre 0,3778 e 0,4333).

A distribuição amostral segue, portanto, o modelo de uma distribuição normal com parâmetros $\mu = p = 0,40$ e desvio padrão $\sigma_{\hat{p}} = 0,01110$ (Graf. 2). Temos então o segundo resultado:

**Resultado 2:** A distribuição amostral da proporção $\hat{p}$ quando n é suficientemente grande é normal com parâmetros µ = p e.

$$\sigma_{\hat{p}} = \sqrt{\frac{p \times (1-p)}{n}}$$

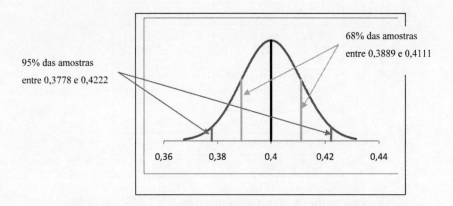

**Gráfico 2** – Curva normal representando a distribuição amostral de $\hat{p}$.

Repetindo o exercício, considerando 504 amostras com 400 sujeitos em cada uma, obtivemos mínimo = 0,3275 e máximo = 0,4800 e ∆400 = 0,1525. A distribuição de frequência é mostrada na Tab. 1. Neste caso, encontramos µ = 0,398 (próxima de p = 0,40) e $\tau_{\hat{p}}$ = 0,0245 (mais do que o dobro de $\sigma_{\hat{p}}$ = 0,0110). Sugerimos como exercício a simulação de amostras com 1.000 sujeitos em cada uma.[31]

---

[31] A distribuição amostral pode ser usada também como instrumento para a abordagem da distribuição normal.

Tabela 1 – Distribuição de frequência para n = 400

| Rótulos de Linha | Contar |
|---|---|
| 0,3275 - 0,3425 | 7 |
| 0,3425 - 0,3575 | 23 |
| 0,3575 - 0,3725 | 34 |
| 0,3725 - 0,3875 | 84 |
| 0,3875 - 0,4025 | 132 |
| 0,4025 - 0,4175 | 113 |
| 0,4175 - 0,4325 | 72 |
| 0,4325 - 0,4475 | 24 |
| 0,4475 - 0,4625 | 11 |
| 0,4625 - 0,4775 | 3 |
| 0,4775 - 0,4925 | 1 |
| **Total geral** | **504** |

**Comparando os resultados quando n = 2.000 e n = 400**
**Em relação à variabilidade amostral**

|  | N = 2.000 | N = 400 |
|---|---|---|
| Mínimo = | 0,3675 | 0,3275 |
| Máximo = | 0,4315 | 0,4800 |
| $\Delta$ = | 0,0640 | 0,1525 |

Resultado 3: Quanto maior é o tamanho da amostra menor será a variabilidade amostral.

**Em relação à variabilidade em torno do parâmetro verdadeiro $p = 0,40$**

Se tomarmos uma variabilidade igual a 0,025 ao redor da média, isto é, a estatística $\hat{p}$ variando entre 0,375 e 0,425, encontraremos:

- 97,40% das amostras (974 amostras) quando n = 2.000.
- 73,20% das amostras (366 amostras) quando n = 400.

A quase totalidade das amostras aleatórias com 2.000 sujeitos (97,4%) fornecerá uma estimativa para o parâmetro verdadeiro, com uma variação de mais ou menos 0,025.

No entanto, quando consideramos amostras com 400 sujeitos em cada uma, a mesma estimativa para o parâmetro verdadeiro será obtida em cerca de 73% das amostras. Neste caso, a mesma porcentagem de cerca de 97% das amostras fornecerá estimativas para o parâmetro verdadeiro com uma variação de mais ou menos 0,055 (mais que o dobro do que quando n = 2.000). Então fica evidenciado o quarto resultado:

> **Resultado 4:** Quanto maior o tamanho da amostra, menor será a variabilidade entre as estimativas do parâmetro p.

**A margem de erro em uma pesquisa e a confiabilidade de uma amostra**

Em uma das 1.000 amostras aleatórias com 2.000 sujeitos encontramos $\hat{p} = 0,389$. Podemos considerar essa estatística como sendo uma boa estimativa para o parâmetro, que, no nosso caso, sabemos que é *p = 0,40*?

Naturalmente a resposta depende do que consideramos como boa estimativa para o parâmetro. Ou ainda, depende do conceito de proximidade, bastante importante em Estatística. A certeza de que o valor observado na amostra coincidirá com a proporção populacional só será possível através do exame de toda a população.

Porém, quando trabalhamos com amostras é possível, no entanto, considerar um intervalo fundamentado na distribuição amostral da proporção correspondente, cujos valores podem ser tomados como a própria proporção populacional. Esse intervalo conduz ao conceito de margem de erro.

> *A margem de erro em uma pesquisa amostral* nos diz quais são os limites aceitáveis dentro dos quais consideramos a estatística da amostra como sendo o parâmetro.

Quem define a aceitabilidade desses limites é o pesquisador. Desse modo, a margem de erro, indicada por *d*, faz parte do planejamento da pesquisa.

Assim, se a margem de erro for de mais ou menos 0,025, a proporção $\hat{p}$ = 0,389, encontrada na amostra tomada como exemplo, pode ser considerada como verdadeira, pois $\hat{p}$ = 0,389 encontra-se no intervalo definido pela margem de erro, isto é,

$$0{,}40 - 0{,}025 = 0{,}375 < \hat{p} = 0{,}389 < 0{,}40 + 0{,}025 = 0{,}425.$$

Se a margem de erro for de mais ou menos 0,01, a proporção $\hat{p}$ = 0,389 não pode ser considerada como verdadeira, pois $\hat{p}$ = 0,389 encontra-se fora do intervalo definido pela margem de erro, que corresponde ao intervalo (0,40 – 0,01; 0,40 + 0,01) = (0,39; 0,41).

Em pesquisas amostrais não conhecemos $p$, mas sim sua estimativa que é $\hat{p}$. Desse modo, estabelecido $d$ e encontrado $\hat{p}$ em uma amostra, aceitamos $\hat{p}$ como verdadeiro dentro de uma margem de erro igual a $d$. Como dizem os âncoras dos telejornais, "para mais ou para menos". Isso significa que $p$ varia entre $\hat{p} - d$ e $\hat{p} + d$, ou seja, $p \in (\hat{p} - d, \hat{p} + d)$.

Duas novas questões devem ser colocadas:

1ª) Qual a confiança que temos de que a proporção obtida na amostra estima realmente a proporção verdadeira?

2ª) O que teria acontecido se tivéssemos considerado muitas amostras aleatórias de mesmo tamanho e extraídas da mesma população? Em quantas delas encontraríamos a proporção dentro da margem de erro?

Voltando ao histograma da distribuição amostral de $\hat{p}$ quando $\hat{p} = 0{,}40$, retomamos que em 97,40% das amostras encontramos $\hat{p}$ = *0,40* correspondendo a proporção populacional, com uma margem de erro de 0,025. O histograma que mostra tal situação está no Graf. 3.

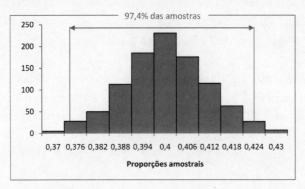

**Gráfico 3** – Histograma da distribuição amostral de $\hat{p}$
quando p = 0,40 mostrando a porcentagem de amostras (97,4%)
em que encontramos $\hat{p}$ dentro da margem de erro d = $\pm$ 0,025

Esse fato pode ser expresso por:
- Em cerca de 97,4% das amostras encontramos uma proporção amostral com uma margem de erro de $\pm$ 0,025 do parâmetro da população. Ou seja, em cerca de 97,4% das amostras encontramos $\hat{p} \in [0,375; 0,425]$.
- A confiança na amostra pode ser expressa por: *em 97,4% das amostras os valores de $\hat{p}$ variam no intervalo definido pela margem de erro especificada.*

Essa porcentagem 97,4% corresponde ao *nível de confiança* na amostra.

> O nível de confiança (C%) em uma amostra especifica a porcentagem de amostras possíveis em que as proporções amostrais são encontradas dentro do intervalo definido pela margem de erro.

Uma nova questão: como encontrar a margem de erro $d$ quando o nível de confiança $C$ é especificado?

Seja $C = 97,5\%$. Queremos encontrar $d$ de modo que $p - d \leq \hat{p} \leq p + d$ em 97,5% das amostras, ou seja, em apenas

2,5% das amostras encontraremos $\hat{p}$ fora dos limites especificados pela margem de erro. Recorremos à distribuição normal com média $\mu = p = 0{,}40$ e $\sigma_{\hat{p}} = 0{,}011$. Queremos $p+d$ tal que $P(p-d< X <p+d) = 0{,}975$.

Como a função "INV.NORM", disponível em $f_x$, fornece valores para x tal que $P(X < x)$ é conhecido, usamos a simetria da distribuição e consideramos $P(X <p+d = 0{,}975 + (1-0{,}975)/2 = 0{,}9875$ (Graf. 4).

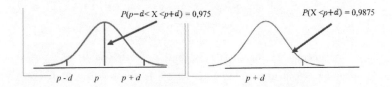

**Gráfico 4** – Curva normal para o cálculo de $p + d$ a partir de $P(p - d < X < p + d) = 0{,}975$

Com média = 0,40 e desvio padrão = 0,0110, encontramos p + d = 0,425. E então d = 0,425 - 0,40 = 0,025, ou seja, d = 2,5%.

Procedendo da mesma forma encontramos os valores de d para diversos níveis de confiança:

| C% | d(%) |
|---|---|
| 99,0% | 2,8% |
| 97,5% | 2,5% |

| C% | d (%) |
|---|---|
| 95% | 2,2% |
| 90% | 1,8% |

| C% | d (%) |
|---|---|
| 85% | 1,6% |
| 80% | 1,4% |

**Resultado 5:** Para amostras de mesmo tamanho, maior confiabilidade na amostra é conseguida com maior margem de erro. Da mesma forma, menor margem de erro significa menor confiabilidade na amostra.

Uma nova questão: e o que acontece se aumentarmos o tamanho da amostra?

Vamos então considerar n = 3.000. Como p = 0,40, teremos uma redução no desvio padrão da distribuição amostral, ou seja:

Quando n = 2.000 encontramos, com a fórmula, $\sigma_{\hat{p}} = 0{,}01095$. Portanto, aumentando em 50% o número de sujeitos, reduzimos em 8% o desvio padrão da distribuição amostral de $\hat{p}$.

Adotando os mesmos procedimentos e a função "INV.NORM" obtemos:

| C%    | d(%)  |       |
|-------|-------|-------|
| n =   | 2.000 | 3.000 |
| 99,0% | 2,8%  | 2,3%  |
| 97,5% | 2,5%  | 2,0%  |

| C%  | d(%)  |       |
|-----|-------|-------|
| n = | 2.000 | 3.000 |
| 95% | 2,2%  | 1,8%  |
| 90% | 1,8%  | 1,5%  |

| C%  | d(%)  |       |
|-----|-------|-------|
| n = | 2.000 | 3.000 |
| 85% | 1,6%  | 1,3%  |
| 80% | 1,4%  | 1,1%  |

**Resultado 6:** *Mantendo o nível de confiança*, diminuímos a margem de erro aumentando o tamanho da amostra. Ou ainda, *aumentando o tamanho da amostra* aumentamos o nível de confiança e diminuímos a margem de erro.

### Relação entre margem de erro, nível de confiança e tamanho da amostra

Mais uma questão: em pesquisas amostrais queremos, justamente, estimar o valor de *p* usando a estatística $\hat{p}$. Então, como usar a curva normal para obter a margem de erro sem ter os parâmetros que caracterizam a distribuição normal?

Podemos considerar *p* aproximadamente igual a $\hat{p}$ e construir a distribuição amostral de $\hat{p}$ considerando esse valor encontrado na amostra. Quando n é bastante grande essa aproximação é bastante possível e então, para obter a margem de erro, procedemos como na seção anterior.

Através da Matemática e usando essa aproximação entre $p$ e $\hat{p}$ obtemos uma fórmula que fornece a *margem de erro* em função do *tamanho da amostra* e do *nível de confiança*:

$$d = z \times \sigma_{\hat{p}} \text{ onde } \sigma_{\hat{p}} = \sqrt{\frac{\hat{p} \times (1-\hat{p})}{n}}$$

Fórmula para a obtenção da margem de erro

O valor de z é encontrado considerando a distribuição normal padrão, onde a média é igual zero e o desvio padrão é igual a 1. Ou mais precisamente, a inversa da distribuição normal padrão, já que o nível de confiança é conhecido.

Assim, por exemplo, para C = 95%, do mesmo modo que na seção anterior, queremos z tal que $P(-z < Z < z) = 0,95$. Ou ainda, queremos z tal que $P(Z < z) = 0,95 + 0,5/2$ (ver Graf. 5). Encontramos z = 1,96. Se n = 2.000 e $\hat{p}$ = 0,40, então

$$d = 1,96 \times \sqrt{\frac{0,40 \times 0,60}{2000}} = 0,0215$$

Na seção anterior encontramos d = 0,022 porque usamos o desvio padrão dos dados (0,011), e não o da fórmula (0,01095).

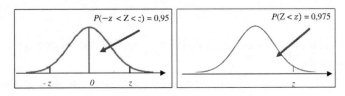

**Gráfico 5** – Obtenção do valor de z a partir da distribuição normal padrão

Em pesquisas amostrais, em geral, assumimos um valor para a margem de erro e adotamos um nível de confiança aceitável (normalmente, C = 95%). Com esses valores, a partir da equação que fornece a margem de erro, encontramos a fórmula para o tamanho da amostra.

$$d = z \times \sqrt{\frac{\hat{p} \times (1-\hat{p})}{n}} \Longrightarrow d^2 = z^2 \times \left(\frac{\hat{p} \times (1-\hat{p})}{n}\right) \Longrightarrow n = \frac{z^2}{d^2} \times \hat{p} \times (1 - \hat{p})$$

Como $\hat{p}$ é desconhecido, usamos na fórmula, em um primeiro momento, um valor aproximado $p^*$, de $\hat{p}$. Assim, a primeira fórmula para a obtenção do tamanho da amostra, com C% e d conhecidos, é uma função de $p^*$:

| $n = f(p^*) = \dfrac{z^2}{d^2} \times p^* \times (1 - p^*)$ | Fórmula para o tamanho da amostra em função de p* quando C% e d são conhecidos |
|---|---|

Sendo $f(p^*)$ uma função quadrática, podemos mostrar que $n$ é máximo quando $p^*$ é igual a 0,5. Assim, a fórmula acima pode ser simplificada:

| $n = 0{,}25 \times \dfrac{z^2}{d^2}$ | Fórmula para a obtenção do tamanho da amostra em função da margem de erro e do nível de confiança |
|---|---|

Em geral em pesquisas amostrais se trabalha com nível de confiança igual a 95% (z = 1,96). E quando se deseja maior confiabilidade aumentamos o nível de confiança para C = 99% (z = 2,58). Nesses casos as fórmulas para o tamanho da amostra, em função da margem de erro, passam a ser:

| $n = \dfrac{0{,}9604}{d^2}$ | Fórmula para a obtenção do tamanho da amostra em função da margem de erro, com C = 95% (z = 1,96) |
|---|---|

| $n = \dfrac{1{,}6641}{d^2}$ | Fórmula para a obtenção do tamanho da amostra em função da margem de erro, com C = 99% (z = 2,58) |
|---|---|

Os modelos matemáticos apresentados acima são válidos para populações consideradas infinitas, ou seja, com grande número de sujeitos. Para populações consideradas finitas (quando N não é suficientemente grande), o desvio padrão da distribuição amostral de deve ser multiplicado por um fator de correção (MOORE; MCCABE, 2002). Neste caso, sendo N o tamanho da população:

| | |
|---|---|
| $\sigma_{\hat{p}} = \sqrt{\dfrac{p^* \times (1-p^*)}{n}} \times \sqrt{\dfrac{N-n}{N-1}}$ | Fórmula para a correção do desvio padrão quando a população é considerada finita |

Com essa correção, as fórmulas para o tamanho da amostra quando a população não é suficientemente grande passam a ser:

| | |
|---|---|
| $n = \dfrac{z^2 \times p^* \times (1-p^*) \times N}{d^2 \times (N-1) + z^2 \times p^* \times (1-p^*)}$ | Fórmula para o tamanho da amostra em função de p* quando C% e d são conhecidos e N é finito |

Novamente considerando p* = 0,5, temos a fórmula para o tamanho da amostra quando N não é suficientemente grande.

| | |
|---|---|
| $n = \dfrac{0{,}25 \times z^2 \times N}{d^2 \times (N-1) + 0{,}25 \times z^2}$ | Fórmula para o tamanho da amostra em função da margem de erro quando N é finito |

É possível verificar que quando N se aproxima de 100.000 as duas fórmulas para a obtenção do tamanho da amostra fornecem o mesmo resultado para n. Por isso, muitos autores, como Fonseca e Martins (1996), consideram populações infinitas quando N > 100.000 sujeitos.

Novamente, quando C = 95% (z = 1,96) e c = 99% (z = 2,58), as fórmulas para o tamanho da amostra quando N é finita são:

| | |
|---|---|
| $n = \dfrac{0{,}9604 \times N}{d^2 \times (N-1) + 0{,}9604}$ | Fórmula para *n* em função da margem de erro, com C = 95% (z = 1,96), quando *N* é não é infinita |
| $n = \dfrac{1{,}6512 \times N}{d^2 \times (N-1) + 1{,}6512}$ | Fórmula para *n* em função da margem de erro, com C = 99% (z = 2,58), quando *N* é não é infinita |

Concluímos essa seção com duas tabelas contendo o tamanho n (valores centrais) para uma amostra, considerando C = 90%, C = 95% e C = 99% e margens de erro variando de 1% a 5%. Uma tabela é construída para o caso da população ser infinita e a outra para o caso dela ser finita.

População Infinita

| C = | 90% | 95% | 99% |
|---|---|---|---|
| z = | 1,65 | 1,96 | 2,58 |
| d = 1,0% | 6.806 | 9.604 | 16.641 |
| d = 1,5% | 3.025 | 4.268 | 7.396 |
| d = 2,0% | 1.702 | 2.401 | 4.160 |
| d = 2,5% | 1.089 | 1.537 | 2.663 |
| d = 3,0% | 756 | 1.067 | 1.849 |
| d = 3,5% | 556 | 784 | 1.358 |
| d = 4,0% | 425 | 600 | 1.040 |
| d = 4,5% | 336 | 474 | 822 |
| d = 5,0% | 272 | 384 | 666 |

População Finita N = 50.000

| C = | 90% | 95% | 99% |
|---|---|---|---|
| z = | 1,65 | 1,96 | 2,58 |
| d = 1,0% | 5.991 | 8.057 | 12.486 |
| d = 1,5% | 2.852 | 3.933 | 6.443 |
| d = 2,0% | 1.646 | 2.291 | 3.841 |
| d = 2,5% | 1.066 | 1.491 | 2.528 |
| d = 3,0% | 745 | 1.045 | 1.783 |
| d = 3,5% | 550 | 772 | 1.323 |
| d = 4,0% | 422 | 593 | 1.019 |
| d = 4,5% | 334 | 470 | 809 |
| d = 5,0% | 271 | 381 | 657 |

Comparando os valores de n nessa tabela percebemos que, proporcionalmente, amostras extraídas de populações infinitas são menores do que as consideradas finitas. Por exemplo, quando C = 95% e d = 3%, temos n = 1.067 no caso de a amostra ter sido extraída de uma população infinita e n = 1.045 no caso de ela ter sido extraída de uma população com 50.000 sujeitos.

Em geral, em pesquisas eleitorais considera-se NC = 95%, e o tamanho da amostra é planejado com margem de erro igual a 2%. Neste caso, o tamanho da amostra deve ser igual a 2.401 quando a população é infinita e igual a 2.291, quando a população é formada por 50.000 sujeitos.

Apesar de as fórmulas para o dimensionamento de amostras mostrarem que não se consideram amostras aleatórias com números de sujeitos proporcionais aos tamanhos da população, a visibilidade desse fato pode ser facilmente comprovada pelas informações constantes nas tabelas acima.

## Projeto 3: O teste do qui-quadrado

A ideia desse projeto surgiu quando, lecionando a disciplina Estatística II para uma classe de 3º ano de graduação em Ciências Econômicas, trabalhamos com a grandeza $\chi^2$ (qui-quadrado) e a independência ou associação de variáveis qualitativas. Na ocasião, um livro-texto trazia um exemplo que solicitava a verificação de uma possível dependência entre as variáveis *sabor do creme dental* e *bairro* onde a pessoa residia. Depois de calcular o $\chi^2$, foi verificado que não havia dependência entre as variáveis citadas, o que gerou uma pergunta de um aluno: *Eu preciso fazer tantos cálculos para verificar que não existe essa dependência? Isso não é simplesmente óbvio?*

Sim, era óbvio, assim como era óbvio que o exemplo não era bom, que a pesquisa não era real e que esse tipo de cálculo não trazia motivação alguma para os alunos e nem tinha a ver com seus interesses.

Entendendo que devemos tratar os conteúdos estatísticos de maneira a aproximar o estudante de sua realidade, observamos que o assunto em questão (o qui-quadrado e a independência ou associação de variáveis) permite-nos trabalhar com temas mais polêmicos, mais representativos, mais próximos da vida dos alunos. Essa motivação nos levou a desenvolver este projeto.

Iniciamos com uma explicação teórica sobre o qui-quadrado e sobre os testes de significância. Depois, apresentamos o trabalho que desenvolvemos em sala de aula.

### Revisão teórica sobre o qui-quadrado[32]

De acordo com as regras de probabilidade os resultados obtidos por meio de amostras nem sempre coincidem com os teóricos esperados. Por exemplo, muito embora considerações teóricas permitam

---

[32] Para essa revisão teórica, consultamos Bussab e Morettin (2005) e Magalhães e Lima (2010).

esperar 50 caras e 50 coroas quando uma moeda honesta é lançada 100 vezes, muitas vezes esse resultado não é obtido.

Para explicar essa situação vamos admitir que em uma determinada amostra observou-se que os eventos possíveis $E_1$, $E_2$, $E_3$, ..., $E_k$, ocorreram com as frequências $o_1$, $o_2$, $o_3$, ..., $o_K$, denominadas frequências observadas, e que de acordo com as regras de probabilidade, esperar-se-ia que eles ocorressem com as frequências $e_1$, $e_2$, $e_3$, ..., $e_k$, denominadas frequências esperadas ou teóricas (Tab. 2).

**Tabela 2** – Frequências observadas e esperadas de k eventos

| Evento | E1 | E2 | E3 | ... | Ek |
|---|---|---|---|---|---|
| Frequência observada | o1 | o2 | o3 | ... | ok |
| Frequência esperada | e1 | e2 | e3 | ... | ek |

Deseja-se saber se as frequências observadas diferem de modo significativo das esperadas. Uma medida da discrepância existente entre as frequências observadas e esperadas é proporcionada pela estatística $\chi^2$ (qui-quadrado), expressa por:

$$\chi^2 = \frac{(o_1 - e_1)^2}{e_1} + \frac{(o_2 - e_2)^2}{e_2} + ... + \frac{(o_k - e_k)^2}{e_k} = \sum \frac{(o_j - e_j)^2}{e_j}$$

Quando $\chi^2 = 0$ as frequências teóricas e observadas coincidem, enquanto que quando $\chi^2 > 0$ isso não ocorre. Quanto maior for o valor de $\chi^2$, maior será a discrepância entre as frequências observadas e esperadas. Alguns autores afirmam que se deve encarar com suspeita as circunstâncias em que $\chi^2$ assume valor muito próximo de zero, porque é raro que as frequências observadas concordem muito bem com as esperadas.

A distribuição amostral de $\chi^2$ é dada por:

$$Y = Y_0 \cdot \chi^{\upsilon-2} \cdot e^{-\frac{1}{2} \cdot \chi^2}$$

quando as frequências esperadas ($e_i$) forem, pelo menos, iguais a 5, melhorando a aproximação para valores maiores.

$Y_0$ é uma constante dependente de $\upsilon$, sendo que a área total subentendida pela curva é igual a 1.

$\upsilon$ é o número de graus de liberdade, que é dado por:

$\upsilon = k\text{-}1$, quando as frequências esperadas puderem ser calculadas, sem que se façam estimativas dos parâmetros populacionais, a partir de estatísticas amostrais.

$\upsilon = k\text{-}1\text{-}m$, quando as frequências esperadas somente podem ser calculadas mediante a estimativa de $m$ parâmetros populacionais, a partir de estatísticas amostrais.

## Os testes de significâncias

As frequências esperadas são calculadas com base em uma hipótese $H_0$. Se, para essa hipótese, o valor de $\chi^2$ calculado for maior que o valor crítico (dado em tabela), concluímos que as frequências observadas diferem de modo significativo das esperadas e rejeitamos $H_0$ ao nível de significância correspondente. No caso contrário, devemos aceitá-la ou, pelo menos, não rejeitá-la. Esse processo é chamado de teste de qui-quadrado.

O Graf. 6 representa a curva característica da distribuição de $\chi^2$. O valor crítico $\left(\chi_c^2\right)$ depende do nível de significância adotado. Se o valor de $\chi^2$ calculado situar-se na região à direita do valor crítico, deve-se rejeitar $H_0$. Se, ao contrário, $\chi^2$ estiver à esquerda do valor crítico, deve-se aceitar $H_0$ no nível de significância adotado.

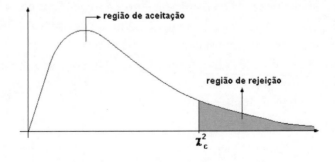

**Gráfico 6** – Curva característica da distribuição de qui-quadrado

A estatística $\chi^2$ é muito semelhante à estatística F, que também mede a discrepância a contar de uma hipótese nula. Assim sendo, a análise da estatística $\chi^2$ é feita de maneira análoga à da estatística F.

Uma importante aplicação do teste qui-quadrado ocorre quando se quer estudar a associação ou a dependência entre duas variáveis.[33] A representação das frequências observadas é dada por uma tabela de dupla entrada ou tabela de contingência.

O cálculo das frequências esperadas fundamenta-se na definição de variáveis aleatórias independentes, isto é, diz-se que X e Y são independentes se a distribuição conjunta (X, Y) é igual ao produto das distribuições marginais de X e de Y:

$$P(x_i, y_j) = p(x_i) \cdot p(y_j) \text{ para todo } i \text{ e } j.$$

Procedimento para efetuar o teste:
1) Consideram-se as hipóteses:
$H_0$: as variáveis são independentes ou não estão associadas.
$H_1$: as variáveis são dependentes ou estão associadas.

2) Fixado o nível de significância ($\alpha$), calcula-se o número de graus de liberdade, dado por $\upsilon = (L - 1) \cdot (C - 1)$, onde L é o número de linhas e C é o número de colunas da tabela de valores da variável (tabela de contingência).

3) Com o auxílio da tabela apropriada, verifica-se o $\chi^2$ crítico.

4) Calcula-se a variável

$$\chi^2 = \sum \frac{(o_{ij} - e_{ij})^2}{e_{ij}} \text{ onde } e_{ij} = \frac{(\text{soma da linha i})(\text{soma da coluna j})}{\text{total de observações}}$$

---

[33] Se as variáveis forem quantitativas, elas devem ser analisadas com um instrumento que explore a sua natureza numérica, como por exemplo a regressão.

5) Compara-se o $\chi^2$ calculado com o valor crítico para verificar se as variáveis estão ou não associadas. A regra de decisão é:

Se $\chi^2_{calc} < \chi^2_{tab}$, não se pode rejeitar $H_0$, isto é, não se pode dizer que as variáveis sejam dependentes. Em outras palavras, as variáveis são independentes.

Se $\chi^2_{calc} > \chi^2_{tab}$, rejeita-se $H_0$, ou seja, as variáveis são dependentes ou estão associadas.

Ambas as decisões devem ser consideradas incluindo-se o risco $\alpha$ de se tomar a decisão errada.

### O trabalho em sala de aula

Depois de explicada a grandeza qui-quadrado e sua aplicação para se determinar a independência ou associação de variáveis qualitativas, fizemos um levantamento com os alunos sobre temas polêmicos que demandariam pesquisa para se avaliar as opiniões da população sobre seus aspectos.

Os alunos propuseram temas para serem abordados numa atividade semelhante a um *brain-storming*.[34] Ato contínuo, discutimos com os alunos quais seriam as variáveis associadas a cada tema, ou seja, quais características da população determinariam sua opinião (contra ou a favor).

Depois disso, os alunos organizaram-se em grupos e cada grupo (numa ordem definida por sorteio) escolheu um tema para pesquisar. Cada grupo escolheu também com qual variável desejava testar a associação.

Posteriormente, já fora da sala de aula, mediante decisões independentes de cada grupo, foram feitas as amostragens, as inferências e as tabulações dos dados, assim como os cálculos necessários.

Por fim, cada grupo entregou um relatório com os dados de sua pesquisa e fez uma apresentação para a classe do tema pesquisado e do resultado obtido. Os grupos também se posicionaram sobre os assuntos pesquisados e debateram cada tema na sala de aula.

---

[34] Esse termo significa "tempestade de ideias" e é conhecido como um processo utilizado para se solucionar problemas coletivamente.

Etapa 1: Execução

Nessa primeira etapa foi feito o *brain-storming* com os alunos, que resultou nos seguintes temas polêmicos:

- pena de morte;
- descriminalização do aborto;
- proibição de venda e porte de arma;
- liberalização do consumo de maconha;
- regulamentação da união civil entre pessoas do mesmo sexo;
- produção de alimentos transgênicos para consumo humano;
- cotas para negros nas universidades públicas;
- uso de embriões humanos para pesquisas com células-tronco;
- ensino religioso obrigatório nas escolas públicas;
- eutanásia;
- doação presumida de órgãos;
- redução da maioridade penal.

Na sequência, foi feito um debate sobre as possíveis variáveis associadas a cada um desses temas. Os temas e as variáveis associadas estão descritos no Quadro 1:

| Temas | Variáveis associadas |
|---|---|
| Pena de morte | Religião, nível de instrução |
| Descriminalização do aborto | Religião, nível de instrução |
| Proibição de venda e porte de arma | Partido político |
| Liberalização do consumo de maconha | Idade, sexo |
| Regulamentação da união civil entre pessoas do mesmo sexo | Sexo, idade, religião |
| Produção de alimentos transgênicos para consumo humano | Nível de instrução, partido político |
| Cotas para negros nas universidades públicas | Raça, nível de instrução |
| Uso de embriões humanos para pesquisas com células-tronco | Religião, nível de instrução |
| Ensino religioso obrigatório nas escolas públicas | Religião, nível de instrução |
| Eutanásia | Religião, idade |
| Doação presumida de órgãos | Religião, nível de instrução |
| Redução da maioridade penal | Região, idade, religião |

**Quadro 1** – Temas e variáveis associadas

Em seguida, os alunos se organizaram em grupos. Como a classe tinha 30 alunos, foram formados 6 grupos de 5 alunos cada um. Esses grupos foram numerados de 1 a 6. Por meio de um mecanismo aleatório, cada grupo sorteado escolheu um tema do quadro acima. Depois disso, os membros de cada grupo debateram entre si com qual variável eles testariam a associação, definindo em seguida essa variável e comunicando ao professor.

Foi combinado um prazo de duas semanas para os alunos recolherem uma amostragem, fazerem o inquérito e elaborarem um relatório.

Reproduzimos abaixo o depoimento do aluno Fernando sobre essa etapa:

> Achei legal a ideia de proporemos os temas e as variáveis. Também achei justo que pudéssemos escolher o tema com que iremos trabalhar. Na verdade, depois da aula, fiquei com curiosidade para saber se a variável que escolhemos está mesmo associada ao tema.

Os grupos, os temas e variáveis escolhidos foram:
Grupo I: Eutanásia; religião.
Grupo II: Cotas para negros; raça.
Grupo III: Descriminalização do aborto; nível de instrução.
Grupo IV: União civil de pessoas do mesmo sexo; sexo.
Grupo V: Liberalização do consumo de maconha; idade.
Grupo VI: Pena de morte; religião.

### Etapa 2: Os trabalhos dos alunos

Nessa etapa, os alunos, já divididos em grupos e com seus respectivos temas e variáveis, elaboraram um pequeno questionário, fizeram amostragens e pesquisaram a opinião de pessoas sobre cada tema escolhido.

Não foi predefinido um tamanho de amostra, e observamos que nenhum grupo obteve amostra com menos do que 100 pessoas. O grupo III, por exemplo, fez uma amostragem com mais de 200 elementos. Indagada sobre o tamanho de sua amostra, a aluna Cilene, do grupo III, esclareceu:

> Sabíamos que não deveríamos obter frequências menores que 5, e que se o tamanho da amostra for maior, o resultado é mais confiável. Decidimos que cada um do grupo ia obter mais de 40 respostas e aí a amostra ficou grande como queríamos.

Sobre o mecanismo utilizado para selecionar a amostra, o aluno Bruno, do grupo IV, afirmou:

> No começo a gente pensou em fazer a pesquisa com as pessoas de nossa casa e no trabalho também. Daí, alguém do grupo falou que a amostragem tinha que ser aleatória. Foi então que resolvemos fazer a pesquisa na rua, na calçada em frente à faculdade, que é bastante movimentada. Já vi gente fazendo pesquisa ali. Em pouco tempo conseguimos muitas respostas, no começo deu um pouco de vergonha, mas depois levei na brincadeira.

Dos seis grupos da classe, quatro deles formaram suas amostras com os moradores das casas dos alunos, com vizinhos, com parentes e colegas de trabalho. Um grupo fez a amostragem na rua (grupo IV, depoimento acima) e outro fez a amostragem dentro da faculdade, na rampa de entrada.

Para a elaboração do relatório, a maioria dos grupos apresentou dúvidas e recorreu ao professor para saber quais informações o documento deveria conter. Tais dúvidas foram sanadas coletivamente em classe, aproveitando o momento para discutir democraticamente com os alunos os dados e cálculos relevantes para o problema que deveriam constar dos relatórios.

Etapa 3: Apresentações em sala de aula

A primeira sessão de apresentações ocorreu com os grupos V, II e VI, nessa ordem. O grupo V apresentou um tema que gerou bastante polêmica – *A liberalização do consumo de maconha*. O grupo se posicionou contra essa liberação e, após amplo debate na classe, os alunos, em sua maioria, também ficaram contra essa liberdade do consumo de drogas. Na apresentação, o grupo mostrou o resultado de sua pesquisa que apontava a existência de uma correlação entre a opinião das pessoas sobre o tema e a variável idade. Os mais jovens se mostravam a favor, enquanto os mais velhos tendiam a ter opinião contrária.

Sobre a amostragem, o aluno André esclareceu:

> Recolhemos as opiniões principalmente no trabalho, na faculdade e também entre alguns amigos e vizinhos. Não interferimos na opinião das pessoas e não conduzimos a pesquisa para obter um resultado específico. Acho que nossa amostra é válida.

O grupo II apresentou seu trabalho – *As cotas para negros em universidades públicas*. Mostrou que não existia (na amostra selecionada) relação de dependência entre a raça da pessoa e a opinião dela sobre esse tema. Sobre a amostragem, a aluna Paula afirmou:

> Como nossa variável era raça, tivemos o cuidado de obter o mesmo número de opiniões entre brancos e negros. Em geral, consideramos os mulatos como negros, pois é assim que a lei faz.

A opinião do grupo sobre o tema, contrária à adoção das cotas, foi seguida pela grande maioria da classe. Aproveitando o tema, o professor incluiu no debate a questão da exclusão dos negros e a discriminação racial em nossa sociedade. Alunos negros da classe deram depoimentos que inflaram o debate no sentido de causar a todos indignação e repúdio a qualquer tipo de discriminação racial.

O grupo VI apresentou o seu relatório sobre o tema *Pena de morte*. De acordo com os resultados do grupo, a opinião sobre a pena de morte não estaria relacionada à religião. A maioria das pessoas ouvidas na pesquisa se manifestou contrária à ideia de o Brasil adotar a pena de morte.

No debate que se seguiu à apresentação do grupo, muitos alunos se posicionaram a favor da pena de morte para crimes hediondos, mas também manifestaram descrédito no sistema jurídico brasileiro para punir quem realmente merece. Foram lembrados alguns casos de pessoas ricas, condenadas e que não estão presas, e também foi dito que no caso da adoção da pena de morte somente condenados pobres e sem recursos é que teriam esse veredicto. A questão da criminalidade no Brasil foi o pano de fundo desse debate.

Na semana seguinte foi feita a segunda sessão de apresentação, com os grupos I, III e IV, nessa ordem. Nesse dia, a aula começou mais cedo, às 18h, com a projeção do filme *Menina de ouro*, a pedido do grupo I. O filme trata do tema de pesquisa do grupo, ou seja, a eutanásia. Logo após o filme, ainda comovido, o grupo apresentou seus resultados, mostrando que, independente da religião, a maioria dos entrevistados era contra a eutanásia.

O professor colocou que a questão a ser abordada não era se a pessoa é a favor ou contra a eutanásia, mas sim se é a favor ou contra a classificação da eutanásia como crime, ou seja, a pessoa pode ser contra a eutanásia, mas concordar que não se deve considerá-la como crime.

Percebeu-se que a opinião dos alunos sobre o tema foi influenciada pelo filme, e também foi lembrado o caso de um escritor e mergulhador espanhol, encenado no filme *Mar adentro*,[35] que, após sofrer um acidente ao mergulhar e ter ficado paralítico, teve a ajuda

---

[35] Título original: *Mar adentro*. Coprodução França/Espanha/Itália, lançado em 2004, dirigido por Alejandro Amenábar.

de várias pessoas para cometer o suicídio. O debate acalorado teve de ser encerrado para não comprometer o tempo dos demais grupos.

Na sequência, o grupo III apresentou o tema Descriminalização do aborto e mostrou que foi detectada em sua pesquisa uma relação de dependência entre a opinião sobre o tema e o nível de instrução das pessoas. As pessoas de nível de instrução mais alto tendem a ter opinião mais favorável à descriminalização do aborto.

Foi discutido também que a religiosidade da pessoa poderia interferir na opinião sobre o tema, mas essa variável não foi estudada pelo grupo. A importância do tema gerou discussões contra e a favor da descriminalização do aborto, dividindo a classe em dois grupos com ideias antagônicas. Temas como a superpopulação, o aumento da miséria, a falta de estímulo ao planejamento familiar, a questão da adoção, da ida de crianças brasileiras para o exterior e até a existência de clínicas de aborto clandestinas foram abordados nesse debate.

O grupo IV finalizou as apresentações mostrando sua pesquisa sobre o tema *União civil de pessoas do mesmo sexo*. Conforme seu levantamento, não havia correlação entre a variável sexo e a opinião sobre a regulamentação da união civil entre homossexuais. O aluno Alexandre comentou sobre o tema:

> Acho que deveria haver uma relação de dependência mais acentuada se considerássemos os homossexuais e os heterossexuais como variável. Mas nesse caso não sei como faríamos a pesquisa. Acho que os homossexuais não se declarariam assim só para responder à minha pergunta.

O tema desse grupo abriu espaço para a discussão sobre a questão da discriminação dos homossexuais. Foi comentado que, apesar de percebermos avanços na tolerância em relação à orientação sexual das pessoas, ainda há muitos obstáculos e muita repressão aos homossexuais no Brasil. Percebemos que esse tema é bastante controverso e que devemos tomar cuidado para não estereotipar as pessoas, não julgar comportamentos e não vulgarizar a questão.

Após o término dessa última apresentação, o professor tomou a palavra e pôs em discussão a questão da amostragem. Foi debatida a ideia de validação dos resultados e foram questionados os métodos de amostragem adotados pelos alunos. Eles concordaram que uma amostragem malfeita pode comprometer os resultados da pesquisa e assumiram que muitos deles simplesmente entrevistaram pessoas próximas, da sua própria casa e vizinhos, além de colegas de trabalho. Cabe aqui destacar que amostras com essas características, como discutido no projeto 2, são convenientes e, a rigor, não podem ser consideradas para a inferência de resultados para a população.

**Conclusão**

Este projeto foi bastante interessante para trazer à sala de aula a discussão sobre vários temas polêmicos, que acabaram por motivar bastante os alunos. Os aspectos ligados aos problemas relativos à amostragem foram bastante esclarecedores, e os alunos puderam vivenciar as consequências de amostragens não criteriosas em pesquisas de opinião.

## Projeto 4: O problema da fila

O projeto de ensino descrito a seguir foi desenvolvido no contexto da disciplina Estatística, na perspectiva da modelagem matemática, e em um curso de Ciências Econômicas de uma instituição particular de educação.

No curso de Ciências Econômicas, período noturno, muitos alunos trabalham em bancos e vivem o dia a dia atribulado de uma agência bancária. Nesse contexto, os alunos apresentaram um problema relativo ao tempo de espera de um cliente na fila do caixa do banco. Segundo uma lei recentemente promulgada, esse tempo de espera não poderia exceder a 15 minutos, sob pena de multa e/ou outras penalidades para o banco.

Foi então que vislumbramos uma abordagem estatística para o problema usando como estratégia a regressão múltipla. Após uma pesquisa sobre o assunto, discutimos com os alunos quais seriam as variáveis exógenas (explicativas ou independentes) envolvidas no problema e concluímos que seriam principalmente duas: a quantidade de pessoas na fila e o número de caixas operando, sendo que outras variáveis poderiam atuar sobre o problema, mas com menor relevância. Ato contínuo, debatemos com a classe quais seriam os objetivos do projeto e quais seriam as suas etapas.

**O trabalho em sala de aula**

Os 30 alunos da classe distribuíram-se em 6 grupos. Em conjunto definimos quais seriam as três etapas do projeto, que passamos a descrever a seguir.

Etapa 1

Nessa etapa cada grupo ficou encarregado de recolher uma amostra com pelo menos dez observações, contendo o tempo de espera, o número de pessoas da fila e o número de caixas trabalhando. De posse desses dados, cada grupo deveria efetuar uma regressão, considerando as variáveis já citadas.

Etapa 2

Nessa etapa os grupos deveriam organizar um relatório com os dados obtidos e os resultados da regressão. Esses relatórios seriam entregues em uma data única. Nessa oportunidade, todas as amostras seriam reunidas e seria feita uma nova regressão, considerando todos os dados. Esse trabalho deveria ser realizado com o auxílio da planilha eletrônica Excel. Com o resultado dessa última regressão, os grupos poderiam compararar seus resultados e comentar eventuais discrepâncias.

Etapa 3

Numa aula posterior, alguns temas relacionados ao projeto seriam colocados em discussão com a classe. Entre esses temas destacamos:

- o descaso dos bancos para com os clientes pouco lucrativos ou mais humildes;
- o lucro exorbitante dos bancos no Brasil;
- a conivência dos governos com os juros altos cobrados pelos bancos.

**A regressão múltipla**

Chamamos de regressão múltipla aquela que admite mais de uma variável explicativa. Esse modelo também é chamado de modelo linear geral. Considerando k variáveis explicativas, a sua expressão geral é:

$$Y_i = b_o + b_1 X_{1i} + b_2 X_{2i} + ... + b_k X_{ki} + u_i$$

Sendo i = 1, 2, ..., n, k é o número de variáveis explicativas, n é o tamanho da amostra e $u_i$ é o termo residual.

Esse modelo admite uma série de pressupostos:

a) aleatoriedade de ui;
b) média zero de ui;
c) homocedasticidade, ou seja, variância constante de ui;
d) o termo residual ui tem distribuição normal;
e) ausência de autocorrelação, ou seja, independência serial dos resíduos ui;
f) nenhum erro de medida nos Xi;
g) ausência de multicolinearidade perfeita, ou seja, as variáveis explicativas não apresentam correlação linear perfeita;
h) a função é identificada;
i) o modelo tem especificação correta;
j) as séries de tempo utilizadas na estimação são estacionárias, ou seja, não contêm raiz unitária.

A estimação dos parâmetros bi pode ser feita pelo método dos mínimos quadrados, num processo longo e que demanda cálculos matriciais. Uma forma mais prática de se obter esses parâmetros é por meio da planilha eletrônica Excel. Com a sequência de comandos Dados → Análise de dados → Regressão, podem-se selecionar as variáveis Y e Xi, obtendo-se imediatamente os resultados que são apresentados em uma tabela, conhecida como Anova.[36] Além dos parâmetros, essa tabela apresenta uma série de estatísticas de avaliação do modelo, importantes para sua análise, entre as quais destacamos o $R^2$, a estatística F e as estatísticas t.

O coeficiente de determinação ($R^2$) indica a parcela de variação de Y que é explicada pela variação dos $X_i$. Ele é dado em porcentagem

---

[36] Em inglês: *analysis of variance*. A Anova calcula uma série de estatísticas para o tratamento regressão e o tratamento erro, comparando o poder desses dois tratamentos para explicar a variância dos dados. O objetivo final da análise é o cálculo da estatística F.

e, quanto mais próximo de 100 estiver o seu valor, maior é o grau de ajustamento dos dados.

A estatística F tem por finalidade testar o efeito conjunto das variáveis explicativas sobre a variável dependente. Normalmente se faz um teste de hipóteses que compara o valor do F calculado com um F crítico, usualmente dado em tabelas, para se saber se as variáveis explicativas têm ou não efeito conjunto significativo sobre a variável dependente Y.

Já a estatística t visa a testar a significância dos parâmetros estimados, ou seja, ela avalia a relevância de cada variável explicativa, individualmente, sobre a variável dependente. Um teste de hipóteses, feito com base na estatística t calculada e num valor crítico dado em tabelas, definirá a relevância ou não de cada variável explicativa para o modelo.[37]

## Os trabalhos dos alunos

Os alunos se empenharam na obtenção dos dados, e cada grupo fez sua regressão. Embora diferentes, os resultados não divergiam significativamente. Foi necessária uma aula para explicar como operar com a função regressão do Excel e como fazer os testes de hipóteses. Com isso os alunos não demonstraram dificuldades na realização das regressões.

Os relatórios elaborados foram bastante simples e algumas dúvidas sobre a sua formatação foram discutidas em classe, com os colegas e com o professor.

A regressão obtida com a junção de todos os dados recolhidos foi:

$$\hat{Y} = 12{,}63 - 2{,}19.X_1 + 0{,}61.X_2$$

Sendo:
$\hat{y}$ é o tempo estimado de espera de um cliente ao chegar à fila do caixa;
$X_1$ é a variável que representa o número de caixas em serviço;
$X_2$ é a variável que representa o número de pessoas presentes na fila.

Para essa regressão, com n = 40, as estatísticas de avaliação calculadas foram: $R^2 = 0{,}91$ e $F = 31{,}29$. Isso indica que 91% da variação de Y é explicada pela variação de $X_1$ e de $X_2$, o que representa um

---

[37] Para mais detalhes sobre a regressão múltipla, recomendamos Gujarati (2006).

alto grau de ajuste. Além disso, o modelo passou no teste F, ou seja, o valor da estatística F calculada é maior que o F crítico, indicando que as variáveis explicativas apresentam significativa influência sobre a variável dependente.

Os alunos concordaram que os dados em conjunto levaram a um resultado bastante confiável. A regressão tem limitações, principalmente porque foi adotado o modelo geral e não foi considerado o intercepto nulo,[38] mas foi feita uma ressalva em relação a isso.

Os grupos obtiveram seus dados em bancos do sistema privado, logo o resultado obtido deveria ser bastante satisfatório para os bancos desse segmento. No caso de instituições bancárias estatais, o tempo de espera poderia ser diferente do previsto pela regressão, pois o ritmo de trabalho nesses bancos poderia não ser o mesmo que o das instituições particulares.

Na sequência, realizamos um debate com foco nos três temas citados. Os alunos que trabalhavam em bancos deram depoimentos testemunhais que confirmaram o mal tratamento dado aos clientes de baixa renda, a cobrança de taxas indevidas e exorbitantes, o ambiente de falta de ética ao qual os funcionários eram submetidos, obrigando-os a atingirem metas de vendas, sob ameaça de demissão. Também foi comentada a questão dos juros altos cobrados pelos bancos, caracterizados pelo chamado *spread*[39] bancário, e como era grande o número de clientes que não conseguiam pagar suas dívidas com a instituição bancária.

## Conclusão

O projeto foi bastante motivador e envolveu todos os alunos da classe, que se empenharam na obtenção dos dados. A relevância deste trabalho pode ser observada em três situações não previstas inicialmente:

i) Uma aluna, que trabalhava em um banco privado, comentou sobre o projeto com seu chefe e este comentou com o gerente da agência.

---

[38] Intercepto nulo significa $b_0 = 0$. Em outras palavras, indica que se não houver ninguém na sua frente na fila do banco e ninguém no caixa para atender, o tempo de espera é nulo.

[39] Simplificadamente, *spread* pode ser entendido como a diferença entre a taxa de juros que o banco paga na captação de recursos de seus clientes e a taxa que ele cobra na realização de empréstimos.

Então o gerente solicitou à aluna os resultados obtidos e, principalmente, a equação de regressão, para que ele pudesse exercer um controle mais eficaz sobre o tempo de espera dos clientes na fila do caixa.

ii) Outro aluno, que era estagiário da Fundação PROCON,[40] também comentou sobre o projeto com seus superiores e estes solicitaram os nossos resultados com o intuito de estudar melhor os problemas de filas muito demoradas para atendimento dos clientes de bancos. Os alunos, ao vivenciarem esses fatos, sentiram-se valorizados e perceberam a importância do trabalho que eles desenvolveram, apresentando um retorno bastante positivo para o professor.

iii) Um terceiro aluno dessa turma, quando chegou ao último ano da faculdade, fez um Trabalho de Conclusão de Curso (TCC) sobre o tema "O *spread* bancário" e afirmou que foi este projeto que o motivou a pesquisar sobre o tema.

## As competências estatísticas nos projetos de modelagem matemática

Em concordância com o que dissemos nos capítulos iniciais, os projetos de modelagem matemática que apresentamos nas quatro seções anteriores favoreceram o desenvolvimento das capacidades de literacia, pensamento e raciocínio estatístico na medida em que, neles, os alunos:

- trabalharam com dados reais, obtidos pelos próprios alunos;
- relacionaram esses dados ao contexto em que eles estavam inseridos;
- interpretaram seus resultados à luz dos conhecimentos adquiridos e também daqueles obtidos em suas áreas de atuação profissional, atual ou futura;
- trabalharam em grupo e puderam criticar e discutir as ideias dos outros;
- debateram com seus pares os resultados obtidos e subsidiaram suas explanações com seus conhecimentos sobre os temas;

---

[40] Fundação de Proteção e Defesa do Consumidor; é um órgão estadual.

- julgaram a validade de suas conclusões e dos modelos adotados;
- compartilharam suas conclusões.

Detalhamos, na seção seguinte, como cada uma das capacidades foi trabalhada nos quatro projetos de modelagem. Concluímos mostrando a presença, nesses projetos e em concordância com a literacia, o raciocínio e o pensamento estatístico, dos princípios norteadores da Educação Crítica.

## *As competências que compõem o núcleo central da Educação Estatística*

### A literacia estatística

Como mencionamos no Capítulo II, desenvolver a literacia estatística significa, entre outras coisas, enfatizar:

- o conhecimento sobre os dados;
- o entendimento de certos conceitos básicos de Estatística e da sua terminologia;
- o conhecimento sobre o processo de coleta de dados;
- a habilidade de interpretação para descrever o que os resultados alcançados significam para o contexto do problema;
- a habilidade de comunicação básica para explicar os resultados a outras pessoas.

Nos projetos trabalhamos o conhecimento e a consciência sobre os dados ao prover contextos relevantes para os conceitos estatísticos. Nesse sentido, os alunos puderam perceber a razão dos dados terem sido coletados e o que o profissional com conhecimentos estatísticos pode fazer com eles.

A compreensão dos conceitos básicos de Estatística também foi trabalhada nos projetos, já que não foi dada ênfase às fórmulas e aos cálculos, mas sim aos conceitos envolvidos nos assuntos pesquisados. Antes de usar uma fórmula, os estudantes puderam perceber a sua utilidade, bem como a necessidade da grandeza estatística que estava sendo estudada.

Os estudantes, na medida em que produziram seus dados e encontraram os resultados básicos, tiveram a oportunidade de conduzir seus próprios aprendizados. Também promovemos no estudante a habilidade e a responsabilidade de resolver seus problemas, como ele terá que fazer em seu ambiente de trabalho. Além disso, nesse aspecto, os alunos puderam vivenciar a problemática da relação entre a amostragem e a inferência, relação esta que envolve conceitos bastante relevantes para a Estatística e que, muitas vezes, são deixados de lado no ambiente da sala de aula.

As habilidades de interpretação foram trabalhadas quando os estudantes tiveram que fazer testes de hipóteses para definir se as variáveis estudadas são ou não relacionadas, se o modelo é ou não confiável, etc. Assim, eles puderam vivenciar como um teste de hipóteses pode levar a importantes conclusões acerca da amostra utilizada (desde que a amostra seja aleatória) e, por consequência, acerca da população que está sendo inferida.

Outras habilidades foram trabalhadas, como a de comunicação oral e escrita, por meio dos relatórios elaborados pelos grupos e das apresentações feitas para a classe. Sabemos que enquanto a interpretação mostra o entendimento do próprio estudante em relação às ideias estatísticas, a comunicação envolve a passagem dessa informação para outra pessoa, possibilitando o entendimento de ambas. Sendo assim, a comunicação torna-se tão importante quanto a interpretação, além de permitir o desenvolvimento da habilidade de usar a terminologia estatística para expressar as ideias, condição essencial da literacia.

### O raciocínio estatístico

O raciocínio estatístico envolve fazer interpretações sobre dados, representações gráficas, construção de tabelas, etc. Em alguns casos, o raciocínio estatístico envolve ainda as ideias de chance ou probabilidade, distribuição, variabilidade, incerteza, aleatoriedade, amostragem, testes de hipóteses, o que leva a interpretações e inferências acerca dos resultados.

Com os projetos de modelagem que apresentamos no capítulo anterior identificamos, principalmente, seis raciocínios:

- sobre dados;
- sobre representação dos dados;
- sobre medidas estatísticas;
- sobre incerteza;
- sobre amostras;
- sobre associações.

Desenvolvemos o raciocínio sobre os dados ao trabalhar a categorização desses dados e a identificação das variáveis. Observamos a presença do raciocínio sobre a representação dos dados na medida em que, em todos os projetos, os grupos construíram gráficos para visualizar os resultados de suas pesquisas, sendo que esses gráficos estavam de acordo com o tipo de variável trabalhada. Ao explorarmos diversas medidas, tais como as de posição, de dispersão, de correlação linear e a do qui-quadrado, mostrando sempre o que elas estavam medindo (como pôde ser observado nos relatórios dos alunos), desenvolvemos o raciocínio sobre medidas. Ao observar os níveis de significância e ao trabalhar os intervalos de confiança, incentivamos o raciocínio sobre a incerteza. Ao realizar diversas amostragens e inferências, relacionando os resultados obtidos com a população estudada e discutindo as diferentes formas de amostragem, promovemos o raciocínio sobre amostras. Por fim, o raciocínio sobre associações pôde ser observado com base em julgamentos e interpretações que os alunos fizeram acerca das grandezas calculadas e das suas relações com o problema em questão.

Embora reconheçamos que a capacidade de raciocínio estatístico não se revela de forma objetiva nos estudantes, entendemos que os processos e as atitudes que foram observados nesses projetos contribuíram consistentemente para o seu desenvolvimento.

## O pensamento estatístico

No trabalho com projetos quando os estudantes assumem a responsabilidade de recolher os dados brutos, analisá-los, interpretá-los e divulgá-los numa apresentação oral e/ou escrita, percebemos uma forte aproximação aos hábitos que desenvolvem o pensamento estatístico. Entre esses hábitos, destacamos:

- a consideração sobre como melhor obter dados significantes e relevantes para responder à questão que se tem em mãos;
- a reflexão constante sobre as variáveis envolvidas e a curiosidade por outras maneiras de examinar os dados e o problema em estudo;
- a visão do processo por completo, com a constante revisão de cada uma das suas componentes;
- o ceticismo onipresente sobre a obtenção dos dados;
- o relacionamento constante entre os dados e o contexto do problema, e a interpretação das conclusões em termos não estatísticos;
- o pensar além do livro-texto.

Nos projetos, debatemos com os alunos as condições necessárias para a obtenção dos dados, discutimos os critérios de amostragem e as variáveis envolvidas, planejando, estudando e investigando o problema por completo, desde a definição de seus contornos até o resultado final. Questionamos os processos de obtenção dos dados, relacionamos sempre os dados ao contexto dos problemas e incentivamos a sua interpretação, utilizando para isso terminologia própria da Estatística e, em alguns casos, por meio de termos não estatísticos.

Avaliamos que os alunos pensaram além do livro-texto quando assumiram posicionamentos próprios frente aos temas sociais e políticos relacionados com os seus projetos, muitas vezes debatendo e polemizando sobre assuntos inerentes aos temas. Esses debates, mediados pelo professor, foram sempre ricos e instigaram os alunos a se envolverem nos temas e a criticarem uns aos outros. Além disso, os alunos muitas vezes criaram suas próprias maneiras de analisar os problemas, construindo gráficos comparativos, procurando outros gráficos e também tabelas divulgados pela mídia, elaborando regras para a tomada de decisão e estudando o comportamento global dos resultados obtidos.

Tendo em vista que todos os hábitos acima descritos foram trabalhados nos projetos, podemos afirmar que eles contribuíram firmemente para o desenvolvimento do pensamento estatístico nos estudantes.

## A Educação Crítica

Nos procedimentos que adotamos na abordagem dos projetos, propusemos a extensão dos temas trabalhados para além da Estatística, investigando as suas interfaces com questões ligadas:

- ao social – a miséria da África em comparação com a miséria do Brasil, o descaso com os direitos dos cidadãos, o aborto, a pena de morte, o desemprego, a venda de armas, o papel das pesquisas eleitorais, entre outros;
- à saúde – a venda de remédios com efeitos colaterais graves, as péssimas condições de higiene e saneamento nas populações carentes da África, em comparação com o que ocorre nas favelas do Brasil, etc.;
- à política – as eleições no Brasil, os escândalos políticos, a conivência dos políticos com os grandes conglomerados industriais, o descaso da classe política com a situação de miséria do povo;
- à economia – o desemprego; a substituição do homem pela máquina; o capitalismo; a ganância dos bancos e das grandes corporações por lucros cada vez maiores.

Os temas serviram como fonte de motivação para discussões e debates entre os alunos, sempre com a participação e a mediação do professor. Com isso, procuramos promover a verdadeira inserção crítica do estudante na realidade em que ele vive, mostrar essa realidade para uma melhor compreensão do mundo e desenvolver nele (aluno) a consciência da importância da sua participação ativa na sociedade.

No trabalho pedagógico com esses projetos de modelagem matemática buscamos aproximar o ensino de Estatística da Educação Crítica. Salientamos essa aproximação através da:

- inserção da Estatística em outras áreas de conhecimento;
- valorização da aplicabilidade da Estatística para estimular o interesse pela disciplina;

- problematização de questões importantes relacionadas com o ensino;
- utilização de exemplos reais e com dados reais contextualizados dentro de uma realidade condizente com a realidade do aluno;
- valorização da análise de dados, da interpretação de resultados, da escrita e das apresentações orais;
- atenção ao argumento social de democratização do processo educacional, por meio da tematização do ensino e do incentivo ao debate de questões sociais e políticas relacionadas com o contexto real de vida dos alunos;
- valorização do pensamento reflexivo através do incentivo ao julgamento sobre a validade das ideias que permeavam a realização dos trabalhos e sobre as conclusões obtidas com base nos resultados alcançados, à participação ativa e à ação questionadora nos debates e ao compartilhamento com os pares de suas descobertas, justificativas e conclusões;
- utilização da tecnologia no ensino e, consequentemente, valorização e desenvolvimento de competências de caráter instrumental para o aluno que vive numa sociedade eminentemente tecnológica.

Identificamos os princípios norteadores da Educação Crítica quando, nos projetos de modelagem matemática e concomitantemente com as competências estatísticas,

- percebemos presentes e valorizados os aspectos políticos e sociais envolvidos nos temas trabalhados;
- sentimos democratizado e desierarquizado o processo educacional construído, caracterizado pelo constante diálogo entre os atores, pelo livre debate sobre princípios democráticos e sobre a adoção de atitudes democráticas em sala de aula, pela promoção da igualdade entre educandos e educadores, pelo insistente combate às posturas alienantes dos alunos, pela valorização da ética e da justiça social e pela promoção do diálogo, da liberdade individual e da responsabilidade social dos estudantes;

- promovemos o desenvolvimento da competência crítica nos alunos e estimulamos neles a criatividade e a reflexão;
- promovemos o engajamento nas atividades propostas nos projetos com os aspectos políticos, econômicos e sociais que circundam a vida dos estudantes, utilizando nesse contexto a ideia de extrapolar os próprios objetivos da Estatística e valorizar a interdisciplinaridade, a habilidade de enxergar o problema estatístico de maneira global, com suas interações e seus porquês, entendendo suas diversas relações com o mundo, explorando temas que vão além do que os dados e os textos prescrevem, para possibilitar a discussão de ideias e posicionamentos que não haviam sido previstos *a priori*.

Capítulo IV

# Teoria e prática: possibilidades e perspectivas para prosseguir na reflexão

O ensino e a aprendizagem da Estatística, não apenas no Brasil, mas também em outros países, enfrentam sérias dificuldades nos três níveis de ensino. Constatamos essa realidade não apenas na literatura relacionada com a EE, mas também com base em nossa própria experiência pedagógica. Não obstante, nosso trabalho de investigação no GPEE e nossa vivência em sala de aula nos levam a acreditar que esses problemas podem ser enfrentados desde que os professores de Estatística se disponham a encarar o desafio de desenvolver trabalhos inovadores, voltados especialmente para a inserção do estudante em atividades pedagógicas presentes em seus cotidianos.

Para essa Educação se tornar realidade o professor precisa valer-se de estratégias pedagógicas que contribuam não apenas para a obtenção do conhecimento, mas igualmente para a problematização desse conhecimento, tendo como horizonte a formação de sujeitos críticos e envolvidos em questões que digam respeito à sua comunidade em particular, mas também à sociedade como um todo. Nesse sentido, é importante oferecer aos estudantes uma forma de olhar para fora de suas vidas particulares, para que possam assim obter uma melhor compreensão das bases políticas, sociais e econômicas da sociedade em que vivem. Nesse contexto, os alunos têm a oportunidade de participar ativamente de suas experiências de aprendizagem, combinando reflexão e prática acadêmica.

Ao praticar essas estratégias pedagógicas motivamos os alunos e facilitamos a sua aprendizagem (já que o conteúdo passa a ter mais significado), preparamos os estudantes para o exercício de sua profissão (pois valorizamos a aplicabilidade dos conceitos), desenvolvemos neles o espírito crítico e transformador de sua realidade (à medida que eles são instigados a interpretar e analisar diferentes situações) e fomentamos a compreensão do papel político-social da Estatística.

No GPEE identificamos essas estratégias pedagógicas com os projetos de modelagem matemática. Com esses projetos, nos quais valorizamos as competências estatísticas (literacia, pensamento e raciocínio), buscamos caminhos que facilitem tanto o processo de ensino e de aprendizagem quanto a integração entre a teoria didática e a prática do dia a dia. Para isso, investimos na conjugação de algumas ideias e na fusão de algumas visões de educação que, a princípio, se manifestavam de forma isolada.

Ao executar esse processo de fusão, procuramos enfrentar as problemáticas próprias do ensino e da aprendizagem de Estatística de uma maneira diferenciada, direcionando nosso foco para o aluno e objetivando maximizar as potencialidades da utilização desses preceitos integradores. Quando falamos em integração, conjugação ou fusão nos referimos à tríade:

### *Modelagem Matemática – Educação Estatística – Educação Crítica*

Analisamos essa tríade nos dois capítulos iniciais. No Capítulo III vimos que os projetos de modelagem favorecem o desenvolvimento das capacidades de literacia, pensamento e raciocínio, pois envolvem dados reais, relacionam esses dados ao contexto em que eles estão inseridos, levam os alunos a interpretar os resultados, permitem que os estudantes trabalhem em grupo e critiquem as interpretações uns dos outros, além de promover julgamentos sobre as conclusões quando realizam a validação do modelo.

A modelagem matemática aplicada à Educação Estatística se constitui assim em uma forma eficiente de articulação da teoria com a prática e de aplicação dos conceitos didáticos importantes para o aprendizado da Estatística. Vimos também que os projetos de modelagem favorecem o rompimento dos limites arbitrários e artificiais estabelecidos entre as disciplinas, incentivando assim programas e atividades interdisciplinares.

Contudo, além da compreensão dos conteúdos estatísticos para a elaboração dos projetos, destacamos, igualmente, o envolvimento dos alunos com a Educação Crítica. Entendemos que o conhecimento tem uma função social que vai muito além da ideia de "dominar" um determinado conteúdo programático. No contexto pedagógico de uma Educação Crítica, os professores devem criar condições para que os estudantes reconheçam a importância da aplicação sociopolítica do conhecimento. Para isso entendemos ser necessário inserir a escolarização diretamente na esfera política, num ambiente no qual a reflexão e a ação crítica tornam-se partes do projeto social.

No Capítulo III trouxemos alguns projetos de modelagem matemática que desenvolvemos com estudantes universitários. Porém, como mostrou Andrade (2007), projetos de modelagem podem ser considerados para o trabalho de conteúdos estatísticos relacionados com o ensino fundamental e com o ensino médio. A dinâmica dos acontecimentos sociais possibilita que temas cotidianos possam ser trazidos para a sala de aula, independentemente do nível de ensino em que os conteúdos estatísticos estejam sendo trabalhados.

Concluímos reafirmando que consideramos essencial que as temáticas presentes nos projetos de modelagem matemática conciliem discussões estatísticas e sociais. Nessa perspectiva conciliatória, diversas temáticas podem ser consideradas. Trazemos como exemplo (e como sugestão de trabalho em sala de aula) a abordagem das transformações na sociedade brasileira, possibilitadas, de um lado, pela estabilidade da nossa economia, iniciada na metade dos anos 1990 e, de outro, pelos projetos de desenvolvimento nacional, de valorização da cidadania e de inclusão social, idealizados e postos em ação no início deste século XXI.

Reflexos dessas transformações são traduzidos em dados estatísticos expressos na mídia, através de porcentagens, tabelas e gráficos. A análise desses dados se constitui em um importante instrumento pedagógico para a abordagem da Estatística Descritiva, quer no nível secundário, quer no nível universitário. Concomitantemente com essa análise estatística, as discussões políticas, econômicas e sociais sobre as ações geradoras dessas transformações (planos econômicos e projetos governamentais) e sobre as consequências dessas transformações (diminuição da pobreza, crescimento da classe média, redução do desemprego, impacto na Educação, interferência nos índices de criminalidade, etc.) fornecem significativas temáticas, geradoras de projetos de modelagem matemática nas aulas de Estatística.

No contexto dessas transformações surgem outras temáticas que igualmente conciliam discussões estatísticas e sociais. Apontamos como exemplos a escolha do Brasil como sede da Copa do Mundo de 2014 e a Olimpíada de 2016, o significativo crescimento da internet e das redes sociais e o papel da internet e dessas redes como agentes fortalecedores da democracia.

# Referências

ANDRADE, M. M. *Ensino e aprendizagem de Estatística por meio da modelagem matemática: uma investigação com o ensino médio*. 2008. 193 f. Dissertação (Mestrado em Educação Matemática) – Universidade Estadual Paulista, Rio Claro, 2008.

ARAUJO, J. L. *Cálculo, tecnologias e modelagem matemática: as discussões dos alunos*. 2002. 173 f. Tese (Doutorado em Educação Matemática) – Universidade Estadual Paulista, Rio Claro, 2002.

BASSANEZI, R. C. *Ensino-aprendizagem com modelagem matemática: uma nova estratégia*. São Paulo: Contexto, 2002.

BARBOSA, J. C. Mathematical modelling and parallel discussions. In: CONGRESS OF THE EUROPEAN SOCIETY FOR RESEARCH IN MATHEMATICS EDUCATION, 5., Larnaca, 2007. *Proceedings of the 5th CERME*, v. 1, p. 1-10, 2007.

BATANERO, C. *Didáctica de la Estadística*. Grupo de Investigación en Educación Estadística, Universidad de Granada, Espanha, 2001. Disponível em: <http://www.ugr.es/~batanero/ARTICULOS/didacticaestadistica.zip>. Acesso em: 24 abr. 2010.

BEN-ZVI, D. Research on Developing statistical reasoning: Reflections, lessons learned, and challenges. In: ICME 11 ANNALS. Monterrey, México, 2008. Disponível em: <http://icme11.org/node/1530>. Acesso em: 24 abr. 2010.

BORBA, M. C.; PENTEADO, M. G. *Informática e Educação Matemática*. 3. ed. Belo Horizonte: Autêntica, 2007. (Coleção Tendências em Educação Matemática).

BORBA, M. C.; MALHEIROS, A. P. S.; AMARAL; R. B. *Educação a Distância on-line*. 3. ed. Belo Horizonte: Autêntica, 2011. (Coleção Tendências em Educação Matemática).

BRADSTREET, T. E. Teaching introductory statistics courses so that nonstatistician experience Statistical reasoning. *The American Statistician*, v. 50, n. 1, p. 69-78, 1995.

BUSSAB, W. O.; MORETTIN, P. A. *Estatística básica*. 5. ed. São Paulo: Saraiva, 2005.

CAMPOS, C. R. *Educação Estatística: uma investigação acerca dos aspectos relevantes à didática da Estatística em cursos de graduação*. 2007. 242 f. Tese (Doutorado em Educação Matemática) – Universidade Estadual Paulista, Rio Claro, 2007.

CAMPOS, C.; WODEWOTZKI, M. L. L.; JACOBINI, O. R.; FERREIRA, D. H. L. Educação Estatística no contexto da Educação Crítica. *BOLEMA – Boletim de Educação Matemática*, v. 24, n. 39, ago. 2011.

CAZORLA, I. M.; KATAOKA, V. Y.; SILVA, C. B. Trajetória e perspectiva da Educação Estaística no Brasil: um olhar a partir do GT12. In: LOPES, C. E.; COSTA, O. L. V.; ASSUNÇÃO, H. G. V. *Análise de risco e retorno em investimentos financeiros*. Barueri: Manole, 2005.

CHANCE, B. L. Components of statistical thinking and implications for instruction and assessment. *Journal of Statistics Education*, v. 10, n. 3, 2002. Disponível em: <www.amstat.org/publications/jse/v10n3/chance.html>. Acesso em: 24 abr. 2010.

D'AMBROSIO, U. Matemática, ensino e educação: uma proposta global. *Temas & Debates* – Revista da SBEM, Rio Claro, ano IV, n. 3, p. 1-16, 1991.

D'AMBROSIO, U. *Etnomatemática: elo entre as tradições e a modernidade*. 2. ed. Belo Horizonte: Autêntica, 2005. (Coleção Tendências em Educação Matemática).

DELMAS, R. C. Statistical literacy, reasoning and thinking: a commentary. *Journal of Statistics Education*, v. 10, n. 3, 2002. Disponível em: <http://www.amstat.org/publications/jse/>. Acesso em: 24 abr. 2010.

DIETZ, K. *Introduction to social statistics: The logic of statistical reasoning*. Singapore: Wiley-Blackwell, 2009.

DINIZ, L. N. *O papel das tecnologias da informação e comunicação nos projetos de modelagem matemática*. 2007. 118 f. Dissertação (Mestrado em Educação Matemática) – Universidade Estadual Paulista, Rio Claro, 2007.

FONSECA, J. S.; MARTINS, G. A. *Curso de Estatística*. 5. ed. São Paulo: Atlas, 1995.

FRANKENSTEIN, M. *Relearning mathematics: A different third – radical maths*. Londres: Free Association Books, 1989.

GAL, I.; GARFIELD, J. *The assessment challenge in statistics education*. Amsterdã: IOS Press, 1997.

GARFIELD, J. The statistical reasoning assessment: development and validation of a research tool. In: PROCEEDINGS OF THE FIFTH INTERNATIONAL CONFERENCE ON TEACHING STATISTICS. Mendoza/Voorburg: International Statistical Institute/Ed. L. Pereira, 1998. p. 781-786.

GARFIELD, J. The challenge of developing statistical reasoning. *Journal of Statistics Education*, v. 10, n. 3, 2002. Disponível em: <www.amstat.org/publications/jse/v10n3/chance.html>. Acesso em: 24 abr. 2010.

GARFIELD, J. B.; BEN-ZVI, D. *Developing students' statistical reasoning*. New York: Springer, 2008.

GARFIELD, J.; GAL, I. Teaching and assessing statistical reasoning. In: DEVELOPING MATHEMATICAL REASONING IN GRADES K-12. National Council of Teachers of Mathematics. Reston: Ed. L. Staff, 1999. p. 207-219.

## Referências

GIROUX, H. *Os professores como intelectuais: rumo a uma pedagogia crítica da aprendizagem*. Porto Alegre: Artmed, 1997.

GITMAN, L. *Princípios de Administração Financeira*. 10. ed. São Paulo: Pearson, 2004.

GUJARATI, D. *Econometria básica*. Rio de Janeiro: Campus/Elsevier, 2006.

HAACK, D. G. *Statistical Literacy: A guide to interpretation*. North Scituate: Duxbury Press, 1979

HALFELD, M. *Investimentos: como administrar melhor seu dinheiro*. São Paulo: Fundamento Educacional, 2005.

HOERL, R. W. *Introductory statistical education: Radical redesign is hended, or is it?*. In: NEWSLETTER FOR THE SECTION ON STATISTICAL EDUCATION OF THE AMERICAN STATISTICAL ASSOCIATION, 1997. Disponível em: <rendir.vill.edu/~short/StatEd/v3n1/Hoerl.html>. Acesso em: 24 abr. 2010.

JACOBINI, O. R.; WODEWOTZKI, M. L. L. Uma reflexão sobre a modelagem matemática no contexto da Educação Matemática Crítica. *BOLEMA - Boletim de Educação Matemática*, Rio Claro, ano 19, n. 25, p. 71-88, 2006.

JABLONKA, E. Mathematical Literacy. In: SECOND INTERNATIONAL HANDBOOK OF MATHEMATICS EDUCATION. Dordrecht: Kluber Academic Publishers, 2003.

KADER, G. D.; PERRY, M. A framework for teaching statistics within the K-12 Mathematics curriculum. Appalachian State Univerity. In: ICOTS-7, Salvador, 2006. *Anais...*

KAHNEMAN, D.; SLOVIC, P.; TVERSKY, A. *Judgment Under Uncertainty: Heuristics and Biases*. New York: Cambridge University Press, 1982.

KONOLD, C. Informal conceptions of probability. *Cognition and Instruction*, n. 6, p. 59-98, Academic Press, 1989.

LECOUTRE, M. P. Cognitive models and problems spaces in purely random situations. *Educational Studies in Mathematics*, n. 23. p. 557-568, 1992.

MAGALHÃES, M. N.; LIMA, A. C. P. *Noções de probabilidade e estatística*. 7. ed. São Paulo: Edusp, 2010.

MALHEIROS, A. P. S. *Educação Matemática on-line: a elaboração de projetos de modelagem*. 2008. 187 f. Tese (Doutorado em Educação Matemática) – Universidade Estadual Paulista, Rio Claro, 2008.

MALLOWS, C. The zeroth problem. *The American Statistician*, n. 52, p. 1-9, 1998.

MOORE, D. Teaching statistics as a respectable subject. In: STATISTICS FOR THE TWENTY-FIRST CENTURY. The Mathematical Association of America. Washington DC: F. and S. Gordon, 1992,p. 14-25.

MOORE, D. *The Basic Practice of Statistics*. New York; W. H. Freeman and Company, 1995.

MOORE, D.; McCABE, G. P. *Introdução à prática da estatística*. São Paulo: LTC, 2002.

NEGT, O. *Soziologische phantasie und exemplarisches Lernen*. Frankfurt: Europäische Verlagsanstalt, 1964.

NISBETT, R. *Rules for reasoning*. Mahwah: Lawrence Erlbaum, 1993.

PERRENOUD, P. Construindo competências. *Nova escola*, p.19-31, set. 2000. Entrevista com Philippe, Paola Gentile e Roberta Bencini.

PFANNKUCH, M.; WILD, C. Towards an understanding of Statistical thinking. In: THE CHALLENGE OF DEVELOPING STATISTICAL LITERACY, REASONING AND THINKING. Dordrecht, The Netherlands: Kluwer Academic Publishers, 2004. p. 17-46.

RUMSEY, D. J. Statistical literacy as a goal for introductory statistics courses. *Journal of Statistics Education*, v. 10, n. 3, 2002. Disponível em: <www.amstat.org/publications/jse/v10n3/chance.html>. Acesso em: 24 abr. 2010.

SAMPAIO, L. O. *Educação Estatística Crítica: uma possibilidade?* 2010. 112 f. Dissertação (Mestrado em Educação Matemática) – Universidade Estadual Paulista, Rio Claro, 2010.

SCHEAFFER, R. L. The ASA-NCTM Quantitative Literacy Project: an overview. In: Vere-Jones, D. (Ed.). *Proceedings of the third international conference on the teaching of statistics* (ICOTS-3). Dunedin, 1990. v. 1, p. 45-49.

SEDLMEIER, P. *Improving Statistical reasoning: Theoretical models and practical implication*. Mahwah: Lawrence Erlbaum, 1999.

SKOVSMOSE, O. Critical mathematics education: Some philosophical remarks. In: INTERNATIONAL CONGRESS ON MATHEMATICS EDUCATION, 8., 1996. SEVILHA: S. A. E. M., 1996. P. 413-425.

SKOVSMOSE, O. Cenários para Investigação. *BOLEMA – Boletim de Educação Matemática*, Rio Claro, ano 13, n. 14, p. 66-91, 2000.

SMITH, G. Learning Statistics by doing Statistics. *Journal of Statistics Education*, v. 6, n. 3, 1998. Disponível em: <http://www.amstat.org/publications/jse/v6n3/smith.html>. Acesso em: 24 abr. 2010.

WATSON, J. Assessing statistical thinking using the media. In: GAL, I.; GARFIELD, J. (Org.). *The assessment challenge in statistics education*. Amsterdã: IOS Press and International Statistical Institute, 1997.

WODEWOTZKI, M. L. L.; JACOBINI, O. R. O ensino de Estatística no contexto da Educação Matemática. IN: BICUDO, MARIA A. V.; BORBA, MARCELO DE C. (Org.). *Educação Matemática: pesquisa em movimento*. 2. ed. São Paulo: Cortez, 2004.

WODEWOTZKI, M. L. L. *et al*. O ensino de conteúdos estatísticos em um ambiente virtual de modelagem. In: CONGRESSO IBEROAMERICANO DE EDUCACIÓN MATEMÁTICA – VI CIBEM, 2009, Puerto Montt. Conferencias, Cursillos y ponencias, 2009. p. 1856-1862.

# Outros títulos da coleção
Tendências em Educação Matemática

**Afeto em competições matemáticas inclusivas: a relação dos jovens e suas famílias com a resolução de problemas**
**Autoras:** *Nélia Amado, Rosa Tomás Ferreira e Susana Carreira*
As dimensões afetivas constituem variáveis cada vez mais decisivas para alterar e tentar abolir a imagem fria, pouco entusiasmante e mesmo intimidante da Matemática aos olhos de muitos jovens e adultos. Sabe-se atualmente, de forma cabal, que os afetos (emoções, sentimentos, atitudes, percepções...) desempenham um papel central na aprendizagem da Matemática, designadamente na atividade de resolução de problemas. Na sequência do seu envolvimento em competições matemáticas inclusivas baseadas na internet, Nélia Amado, Susana Carreira e Rosa Tomás Ferreira debruçam-se sobre inúmeros dados e testemunhos que foram reunindo, através de questionários, entrevistas e conversas informais com alunos e pais, para caracterizar as dimensões afetivas presentes na participação de jovens alunos (dos 10 aos 14 anos) nos campeonatos de resolução de problemas SUB12 e SUB14. Neste livro, o leitor é convidado a percorrer várias das dimensões afetivas envolvidas na resolução de problemas desafiantes. A compreensão dessas dimensões ajudará a melhorar a relação das crianças e dos adultos com a Matemática e a formular uma imagem da Matemática mais humanizada, desafiante e emotiva.

**Álgebra para a formação do professor: explorando os conceitos de equação e de função**
**Autores:** *Alessandro Jacques Ribeiro e Helena Noronha Cury*
Neste livro, Alessandro Jacques Ribeiro e Helena Noronha Cury apresentam uma visão geral sobre os conceitos de equação e de função, explorando o tópico com vistas à formação do professor de Matemática. Os autores trazem aspectos históricos da constituição desses conceitos ao longo da História da Matemática e discutem os diferentes significados que até hoje perpassam as produções sobre esses tópicos. Com vistas à formação inicial ou continuada

de professores de Matemática, Alessandro e Helena enfocam, ainda, alguns documentos oficiais que abordam o ensino de equações e de funções, bem como exemplos de problemas encontrados em livros didáticos. Também apresentam sugestões de atividades para a sala de aula de Matemática, abordando os conceitos de equação e de função, com o propósito de oferecer aos colegas, professores de Matemática de qualquer nível de ensino, possibilidades de refletir sobre os pressupostos teóricos que embasam o texto e produzir novas ações que contribuam para uma melhor compreensão desses conceitos, fundamentais para toda a aprendizagem matemática.

**A matemática nos anos iniciais do ensino fundamental: tecendo fios do ensinar e do aprender**
**Autoras:** *Adair Mendes Nacarato, Brenda Leme da Silva Mengali e Cármen Lúcia Brancaglion Passos*

Neste livro, as autoras discutem o ensino de Matemática nas séries iniciais do ensino fundamental num movimento entre o aprender e o ensinar. Consideram que essa discussão não pode ser dissociada de uma mais ampla, que diz respeito à formação das professoras polivalentes – aquelas que têm uma formação mais generalista em cursos de nível médio (Habilitação ao Magistério) ou em cursos superiores (Normal Superior e Pedagogia). Nesse sentido, elas analisam como têm sido as reformas curriculares desses cursos e apresentam perspectivas para formadores e pesquisadores no campo da formação docente. O foco central da obra está nas situações matemáticas desenvolvidas em salas de aula dos anos iniciais. A partir dessas situações, as autoras discutem suas concepções sobre o ensino de Matemática a alunos dessa escolaridade, o ambiente de aprendizagem a ser criado em sala de aula, as interações que ocorrem nesse ambiente e a relação dialógica entre alunos-alunos e professora-alunos que possibilita a produção e a negociação de significado.

**Análise de erros: o que podemos aprender com as respostas dos alunos**
**Autora:** *Helena Noronha Cury*

Neste livro, Helena Noronha Cury apresenta uma visão geral sobre a análise de erros, fazendo um retrospecto das primeiras pesquisas na área e indicando teóricos que subsidiam investigações sobre erros. A autora defende a ideia de que a análise de erros é uma abordagem de pesquisa e também uma metodologia de ensino, se for empregada em sala de aula com o objetivo de levar os alunos a questionarem suas próprias soluções. O levantamento de trabalhos sobre erros desenvolvidos no país e no exterior, apresentado na obra, poderá ser usado pelos leitores segundo seus interesses de pesquisa ou ensino. A autora apresenta sugestões de uso dos erros em sala de aula, discutindo exemplos já trabalhados por outros investigadores. Nas conclusões, a pesquisadora sugere que discussões sobre os erros dos alunos venham a ser contempladas em disciplinas de cursos de formação de professores, já que podem gerar reflexões sobre o próprio processo de aprendizagem.

**Aprendizagem em Geometria na educação básica: a fotografia e a escrita na sala de aula**
**Autores:** *Adair Mendes Nacarato e Cleane Aparecida dos Santos*
Muitas pesquisas têm sido produzidas no campo da Educação Matemática sobre o ensino de Geometria. No entanto, o professor, quando deseja implementar atividades diferenciadas com seus alunos, depara-se com a escassez de materiais publicados. As autoras, diante dessa constatação, constroem, desenvolvem e analisam uma proposta alternativa para explorar os conceitos geométricos, aliando o uso de imagens fotográficas às produções escritas dos alunos. As autoras almejam que o compartilhamento da experiência vivida possa contribuir tanto para o campo da pesquisa quanto para as práticas pedagógicas dos professores que ensinam Matemática nos anos iniciais do ensino fundamental.

**Brincar e jogar: enlaces teóricos e metodológicos no campo da Educação Matemática**
**Autor:** *Cristiano Alberto Muniz*
Neste livro, o autor apresenta a complexa relação jogo/brincadeira e a aprendizagem matemática. Além de discutir as diferentes perspectivas da relação jogo e Educação Matemática, ele favorece uma reflexão do quanto o conceito de Matemática implica a produção da concepção de jogos para a aprendizagem, assim como o delineamento conceitual do jogo nos propicia visualizar novas possibilidades de utilização dos jogos na Educação Matemática. Entrelaçando diferentes perspectivas teóricas e metodológicas sobre o jogo, ele apresenta análises sobre produções matemáticas realizadas por crianças em processo de escolarização em jogos ditos espontâneos, fazendo um contraponto às expectativas do educador em relação às suas potencialidades para a aprendizagem matemática. Ao trazer reflexões teóricas sobre o jogo na Educação Matemática e revelar o jogo efetivo das crianças em processo de produção matemática, a obra tanto apresenta subsídios para o desenvolvimento da investigação científica quanto para a práxis pedagógica por meio do jogo na sala de aula de Matemática.

**Da etnomatemática a arte-design e matrizes cíclicas**
**Autor:** *Paulus Gerdes*
Neste livro, o leitor encontra uma cuidadosa discussão e diversos exemplos de como a Matemática se relaciona com outras atividades humanas. Para o leitor que ainda não conhece o trabalho de Paulus Gerdes, esta publicação sintetiza uma parte considerável da obra desenvolvida pelo autor ao longo dos últimos 30 anos. E para quem já conhece as pesquisas de Paulus, aqui são abordados novos tópicos, em especial as matrizes cíclicas, ideia que supera não só a noção de que a Matemática é independente de contexto e deve ser pensada como o símbolo da pureza, mas também quebra, dentro da própria Matemática, barreiras entre áreas que muitas vezes são vistas de modo estanque em disciplinas da graduação em Matemática ou do ensino médio.

### Descobrindo a Geometria Fractal: para a sala de aula
**Autor:** *Ruy Madsen Barbosa*

Neste livro, Ruy Madsen Barbosa apresenta um estudo dos belos fractais voltado para seu uso em sala de aula, buscando a sua introdução na Educação Matemática brasileira, fazendo bastante apelo ao visual artístico, sem prejuízo da precisão e rigor matemático. Para alcançar esse objetivo, o autor incluiu capítulos específicos, como os de criação e de exploração de fractais, de manipulação de material concreto, de relacionamento com o triângulo de Pascal, e particularmente um com recursos computacionais com softwares educacionais em uso no Brasil. A inserção de dados e comentários históricos tornam o texto de interessante leitura. Anexo ao livro é fornecido o CD-Nfract, de Francesco Artur Perrotti, para construção dos lindos fractais de Mandelbrot e Julia.

### Diálogo e aprendizagem em Educação Matemática
**Autores:** *Helle Alrø e Ole Skovsmose*

Neste livro, os educadores matemáticos dinamarqueses Helle Alrø e Ole Skovsmose relacionam a qualidade do diálogo em sala de aula com a aprendizagem. Apoiados em ideias de Paulo Freire, Carl Rogers e da Educação Matemática Crítica, esses autores trazem exemplos da sala de aula para substanciar os modelos que propõem acerca das diferentes formas de comunicação na sala de aula. Este livro é mais um passo em direção à internacionalização desta coleção. Este é o terceiro título da coleção no qual autores de destaque do exterior juntam-se aos autores nacionais para debaterem as diversas tendências em Educação Matemática. Skovsmose participa ativamente da comunidade brasileira, ministrando disciplinas, participando de conferências e interagindo com estudantes e docentes do Programa de Pós-Graduação em Educação Matemática da Unesp, em Rio Claro.

### Didática da Matemática: uma análise da influência francesa
**Autor:** *Luiz Carlos Pais*

Neste livro, Luiz Carlos Pais apresenta aos leitores conceitos fundamentais de uma tendência que ficou conhecida como "Didática Francesa". Educadores matemáticos franceses, na sua maioria, desenvolveram um modo próprio de ver a educação centrada na questão do ensino da Matemática. Vários educadores matemáticos do Brasil adotaram alguma versão dessa tendência ao trabalharem com concepções dos alunos, com formação de professores, entre outros temas. O autor é um dos maiores especialistas no país nessa tendência, e o leitor verá isso ao se familiarizar com conceitos como transposição didática, contrato didático, obstáculos epistemológicos e engenharia didática, entre outros.

### Educação a Distância online
**Autores:** *Ana Paula dos Santos Malheiros, Marcelo de Carvalho Borba e Rúbia Barcelos Amaral*

Neste livro, os autores apresentam resultados de mais de oito anos de experiência e pesquisas em Educação a Distância online (EaDonline), com exemplos de cursos ministrados para professores de Matemática. Além de cursos, outras práticas pedagógicas, como comunidades virtuais de aprendizagem e o desenvolvimento de projetos de modelagem realizados a distância, são descritas. Ainda que os três autores deste livro sejam da área de Educação Matemática, algumas das discussões nele apresentadas, como formação de professores, o papel docente em EaDonline, além de questões de metodologia de pesquisa qualitativa, podem ser adaptadas a outras áreas do conhecimento. Neste sentido, esta obra se dirige àquele que ainda não está familiarizado com a EaDonline e também àquele que busca refletir de forma mais intensa sobre sua prática nesta modalidade educacional. Cabe destacar que os três autores têm ministrado aulas em ambientes virtuais de aprendizagem.

**Educação matemática de jovens e adultos: especificidades, desafios e contribuições**
**Autora:** *Maria da Conceição F. R. Fonseca*

Neste livro, Maria da Conceição F. R. Fonseca apresenta ao leitor uma visão do que é a Educação de Adultos e de que forma essa se entrelaça com a Educação Matemática. A autora traz para o leitor reflexões atuais feitas por ela e por outros educadores que são referência na área de Educação de Jovens e Adultos no país. Este quinto volume da coleção "Tendências em Educação Matemática" certamente irá impulsionar a pesquisa e a reflexão sobre o tema, fundamental para a compreensão da questão do ponto de vista social e político.

**Educação matemática e educação especial: diálogos e contribuições**
**Autores:** *Ana Lúcia Manrique e Elton de Andrade Viana*

Este livro apresenta um panorama de como o diálogo entre Educação Matemática e da Educação Especial se desenvolveu no território brasileiro nas últimas décadas e culminou em um amadurecimento científico significativo da Educação Matemática quanto a inclusão e diversidade humana. Aqui, uma discussão de natureza teórica é associada com a prática docente, explorando estratégias extraídas tanto de experiências dos autores na formação de professores e no Atendimento Educacional Especializado (AEE) como dos resultados de estudos realizados por educadores matemáticos de diferentes regiões do Brasil. Nesse panorama, são descritas as principais contribuições dadas por pesquisas já realizadas e são anunciados novos caminhos de investigação que se mostram necessários no tratamento de questões elaboradas no campo da Educação Especial.

**Etnomatemática: elo entre as tradições e a modernidade**
**Autor:** *Ubiratan D'Ambrosio*

Neste livro, Ubiratan D'Ambrosio apresenta seus mais recentes pensamentos sobre Etnomatemática, uma tendência da qual é um dos fundadores. Ele propicia ao leitor uma análise do papel da Matemática na cultura ocidental e da noção de que Matemática é apenas uma forma de Etnomatemática. O autor discute como a análise desenvolvida é relevante para a sala de aula. Faz ainda um arrazoado de diversos trabalhos na área já desenvolvidos no país e no exterior.

**Etnomatemática em movimento**
**Autoras:** *Claudia Glavam Duarte, Fernanda Wanderer, Gelsa Knijnik e Ieda Maria Giongo*

Integrante da coleção "Tendências em Educação Matemática", este livro traz ao público um minucioso estudo sobre os rumos da Etnomatemática, cuja referência principal é o brasileiro Ubiratan D'Ambrosio. As ideias aqui discutidas tomam como base o desenvolvimento dos estudos etnomatemáticos e a forma como o movimento de continuidades e deslocamentos tem marcado esses trabalhos, centralmente ocupados em questionar a política do conhecimento dominante. As autoras refletem aqui sobre as discussões atuais em torno das pesquisas etnomatemáticas e o percurso tomado sobre essa vertente da Educação Matemática, desde seu surgimento, nos anos 1970, até os dias atuais.

**Fases das tecnologias digitais em Educação Matemática: sala de aula e internet em movimento**
**Autores:** *George Gadanidis, Marcelo de Carvalho Borba e Ricardo Scucuglia Rodrigues da Silva*

Com base em suas experiências enquanto docentes e pesquisadores, associadas a uma análise acerca das principais pesquisas desenvolvidas no Brasil sobre o uso de tecnologias digitais no ensino e aprendizagem de Matemática, os autores apresentam uma perspectiva fundamentada em quatro fases. Inicialmente, os leitores encontram uma descrição sobre cada uma dessas fases, o que inclui a apresentação de visões teóricas e exemplos de atividades matemáticas características em cada momento. Baseados na "perspectiva das quatro fases", os autores discutem questões sobre o atual momento (quarta fase). Especificamente, eles exploram o uso do software GeoGebra no estudo do conceito de derivada, a utilização da internet em sala de aula e a noção denominada performance matemática digital, que envolve as artes.

Este livro, além de sintetizar de forma retrospectiva e original uma visão sobre o uso de tecnologias em Educação Matemática, resgata e compila de maneira exemplificada questões teóricas e propostas de atividades, apontando assim inquietações importantes sobre o presente e o futuro da sala de aula de Matemática. Portanto, esta obra traz assuntos potencialmente interessantes para professores e pesquisadores que atuam na Educação Matemática.

**Filosofia da Educação Matemática**
**Autores:** *Antonio Vicente Marafioti Garnica e Maria Aparecida Viggiani Bicudo*

Neste livro, Maria Bicudo e Antonio Vicente Garnica apresentam ao leitor suas ideias sobre Filosofia da Educação Matemática. Eles propiciam ao leitor a oportunidade de refletir sobre questões relativas à Filosofia da Matemática, à Filosofia da Educação e mostram as novas perguntas que definem essa tendência em Educação Matemática. Neste livro, em vez de ver a Educação Matemática sob a ótica da Psicologia ou da própria Matemática, os autores a veem sob a ótica da Filosofia da Educação Matemática.

**Formação matemática do professor: licenciatura e prática docente escolar**
**Autores:** *Maria Manuela M. S. David e Plinio Cavalcante Moreira*

Neste livro, os autores levantam questões fundamentais para a formação do professor de Matemática. Que Matemática deve o professor de Matemática estudar? A acadêmica ou aquela que é ensinada na escola? A partir de perguntas como essas, os autores questionam essas opções dicotômicas e apontam um terceiro caminho a ser seguido. O livro apresenta diversos exemplos do modo como os conjuntos numéricos são trabalhados na escola e na academia. Finalmente, cabe lembrar que esta publicação inova ao integrar o livro com a internet. No site da editora www.autenticaeditora.com.br, procure por Educação Matemática e pelo título "A formação matemática do professor: licenciatura e prática docente escolar", onde o leitor pode encontrar alguns textos complementares ao livro e apresentar seus comentários, críticas e sugestões, estabelecendo, assim, um diálogo online com os autores.

**História na Educação Matemática: propostas e desafios**
**Autores:** *Antonio Miguel e Maria Ângela Miorim*

Neste livro, os autores discutem diversos temas que interessam ao educador matemático. Eles abordam História da Matemática, História da Educação Matemática e como essas duas regiões de inquérito podem se relacionar com a Educação Matemática. O leitor irá notar que eles também apresentam uma visão sobre o que é História e abordam esse difícil tema de uma forma acessível ao leitor interessado no assunto. Este décimo volume da coleção certamen-te transformará a visão do leitor sobre o uso de História na Educação Matemática.

**Informática e Educação Matemática**
**Autores:** *Marcelo de Carvalho Borba e Miriam Godoy Penteado*

Os autores tratam de maneira inovadora e consciente da presença da informática na sala de aula quando do ensino de Matemática. Sem prender-se a clichês que entusiasmadamente apoiam o uso de computadores para o ensino de Matemática ou criticamente negam qualquer uso desse tipo, os autores citam exemplos práticos, fundamentados em explicações teóricas objetivas, de como se pode relacionar Matemática e informática em sala de aula. Tratam também de questões políticas relacionadas à adoção de computadores e calculadoras gráficas para o ensino de Matemática.

**Interdisciplinaridade e aprendizagem da Matemática em sala de aula**
**Autores:** *Maria Manuela M. S. David e Vanessa Sena Tomaz*

Como lidar com a interdisciplinaridade no ensino da Matemática? De que forma o professor pode criar um ambiente favorável que o ajude a perceber o que e como seus alunos aprendem? Essas são algumas das questões elucidadas pelas autoras neste livro, voltado não só para os envolvidos com Educação Matemática como também para os que se interessam por educação em geral. Isso porque um dos benefícios deste trabalho é a compreensão de que a Matemática está sendo chamada a engajar-se na crescente preocupação com a formação integral do aluno como cidadão, o que chama a atenção para a necessidade de tratar o ensino da disciplina levando-se em conta a complexidade do contexto social e a riqueza da visão interdisciplinar na relação entre ensino e aprendizagem, sem deixar de lado os desafios e as dificuldades dessa prática. Para enriquecer a leitura, as autoras apresentam algumas situações ocorridas em sala de aula que mostram diferentes abordagens interdisciplinares dos conteúdos escolares e oferecem elementos para que os professores e os formadores de professores criem formas cada vez mais produtivas de se ensinar e inserir a compreensão matemática na vida do aluno.

### Investigações matemáticas na sala de aula
**Autores:** *Hélia Oliveira, Joana Brocardo e João Pedro da Ponte*

Neste livro, os autores – todos portugueses – analisam como práticas de investigação desenvolvidas por matemáticos podem ser trazidas para a sala de aula. Eles mostram resultados de pesquisas ilustrando as vantagens e dificuldades de se trabalhar com tal perspectiva em Educação Matemática. Geração de conjecturas, reflexão e formalização do conhecimento são aspectos discutidos pelos autores ao analisarem os papéis de alunos e professores em sala de aula quando lidam com problemas em áreas como geometria, estatística e aritmética.

### Lógica e linguagem cotidiana: verdade, coerência, comunicação, argumentação
**Autores:** *Marisa Ortegoza da Cunha e Nílson José Machado*

Neste livro, os autores buscam ligar as experiências vividas em nosso cotidiano a noções fundamentais tanto para a Lógica como para a Matemática. Através de uma linguagem acessível, o livro possui uma forte base filosófica que sustenta a apresentação sobre Lógica e certamente ajudará a coleção a ir além dos muros do que hoje é denominado Educação Matemática. A bibliografia comentada permitirá que o leitor procure outras obras para aprofundar os temas de seu interesse, e um índice remissivo, no final do livro, permitirá que o leitor ache facilmente explicações sobre vocábulos como contradição, dilema, falácia, proposição e sofisma. Embora este livro seja recomendado a estudantes de cursos de graduação e de especialização, em todas as áreas, ele também se destina a um público mais amplo. Visite também o site: www.rc.unesp.br/igce/pgem/gpimem.html. Acesso em: 24 abr. 2010.

### Matemática e Arte
**Autor:** *Dirceu Zaleski Filho*

Neste livro, Dirceu Zaleski Filho propõe reaproximar a Matemática e a arte no ensino. A partir de um estudo sobre a importância da relação entre essas áreas, o autor elabora aqui uma análise da contemporaneidade e oferece ao leitor uma revisão integrada da História da Matemática e da História da Arte, revelando o quão benéfica sua conciliação pode ser para o ensino.

O autor sugere aqui novos caminhos para a Educação Matemática, mostrando como a Segunda Revolução Industrial – a eletroeletrônica, no século XXI – e a arte de Paul Cézanne, Pablo Picasso e, em especial, Piet Mondrian contribuíram para essa reaproximação, e como elas podem ser importantes para o ensino de Matemática em sala de aula.

Matemática e Arte é um livro imprescindível a todos os professores, alunos de graduação e de pós-graduação e, fundamentalmente, para professores da Educação Matemática.

**Modelagem em Educação Matemática**
**Autores:** *Ademir Donizeti Caldeira, Ana Paula dos Santos Malheiros e João Frederico da Costa de Azevedo Meyer*

A partir de pesquisas e da experiência adquirida em sala de aula, os autores deste livro oferecem aos leitores refle-xões sobre aspectos da Modelagem e suas relações com a Educação Matemática. Esta obra mostra como essa disciplina pode funcionar como uma estratégia na qual o aluno ocupa lugar central na escolha de seu currículo.

Os autores também apresentam aqui a trajetória histórica da Modelagem e provocam discussões sobre suas relações, possibilidades e perspectivas em sala de aula, sobre diversos paradigmas educacionais e sobre a formação de professores. Para eles, a Modelagem deve ser datada, dinâmica, dialógica e diversa. A presente obra oferece um minucioso estudo sobre as bases teóricas e práticas da Modelagem e, sobretudo, a aproxima dos professores e alunos de Matemática.

**O uso da calculadora nos anos iniciais do ensino fundamental**
**Autoras:** *Ana Coelho Vieira Selva e Rute Elizabete de Souza Borba*

Neste livro, Ana Selva e Rute Borba abordam o uso da calculadora em sala de aula, desmistificando preconceitos e demonstrando a grande contribuição dessa ferramenta para o processo de aprendizagem da Matemática. As autoras apresentam pesquisas, analisam propostas de uso da calculadora em livros didáticos e descrevem experiências inovadoras em sala de aula em que a calculadora possibilitou avanços nos conhecimentos matemáticos dos estudantes dos anos iniciais do ensino fundamental. Trazem também diversas sugestões de uso da calculadora na sala de aula que podem contribuir para um novo olhar, por parte dos professores, para o uso dessa ferramenta no cotidiano da escola.

**Pesquisa em ensino e sala de aula: diferentes vozes em uma investigação**
**Autores:** *Helber Rangel Formiga Leite de Almeida, Marcelo de Carvalho Borba e Telma Aparecida de Souza Gracias*

Pesquisa em ensino e sala de aula: diferentes vozes em uma investigação não se trata apenas de uma obra sobre metodologia de pesquisa: neste livro, os autores abordam diversos aspectos da pesquisa em ensino e suas relações com a sala de aula. Motivados por uma pergunta provocadora, eles apontam que as pesquisas em ensino são instigadas pela vivência dos professores em suas salas de aulas, e esse "cotidiano" dispara inquietações acerca de sua atuação, de sua formação, entre outras. Ainda, os autores lançam mão da metáfora das "vozes" para indicar que o pesquisador, seja iniciante ou mesmo experiente, não está sozinho em uma pesquisa, ele "escuta" a literatura e os referenciais teóricos e os entrelaça com a metodologia e os dados produzidos.

**Pesquisa Qualitativa em Educação Matemática**
**Organizadores:** *Jussara de Loiola Araújo e Marcelo de Carvalho Borba*
Os autores apresentam, neste livro, algumas das principais tendências no que tem sido denominado "Pesquisa Qualitativa em Educação Matemática". Essa visão de pesquisa está baseada na ideia de que há sempre um aspecto subjetivo no conhecimento produzido. Não há, nessa visão, neutralidade no conhecimento que se constrói. Os quatro capítulos explicam quatro linhas de pesquisa em Educação Matemática, na vertente qualitativa, que são representativas do que de importante vem sendo feito no Brasil. São capítulos que revelam a originalidade de seus autores na criação de novas direções de pesquisa.

**Psicologia na Educação Matemática**
**Autor:** *Jorge Tarcísio da Rocha Falcão*
Neste livro, o autor apresenta ao leitor a Psicologia da Educação Matemática, embasando sua visão em duas partes. Na primeira, ele discute temas como psicologia do desenvolvimento e psicologia escolar e da aprendizagem, mostrando como um novo domínio emerge dentro dessas áreas mais tradicionais. Em segundo lugar, são apresentados resultados de pesquisa, fazendo a conexão com a prática daqueles que militam na sala de aula. O autor defende a especificidade deste novo domínio, na medida em que é relevante considerar o objeto da aprendizagem, e sugere que a leitura deste livro seja complementada por outros desta coleção, como Didática da Matemática: sua influência francesa, Informática e Educação Matemática e Filosofia da Educação Matemática.

**Relações de gênero, Educação Matemática e discurso: enunciados sobre mulheres, homens e matemática**
**Autoras:** *Maria Celeste Reis Fernandes de Souza e Maria da Conceição F. R. Fonseca*
Neste livro, as autoras nos convidam a refletir sobre o modo como as relações de gênero permeiam as práticas educativas, em particular as que se constituem no âmbito da Educação Matemática. Destacando o caráter discursivo dessas relações, a obra entrelaça os conceitos de gênero, discurso e numeramento para discutir enunciados envolvendo mulheres, homens e Matemática. As autoras elegeram quatro enunciados que circulam recorrentemente em diversas práticas sociais: "Homem é melhor em Matemática (do que mulher)"; "Mulher cuida melhor... mas precisa ser cuidada"; "O que é escrito vale mais" e "Mulher também tem direitos". A análise que elas propõem aqui mostra como os discursos sobre relações de gênero e matemática repercutem e produzem desigualdades, impregnando um amplo espectro de experiências que abrange aspectos afetivos e laborais da vida doméstica, relações de trabalho e modos de produção, produtos e estratégias da mídia, instâncias e preceitos legais e o cotidiano escolar.

Outros títulos da coleção

**Tendências internacionais em formação de professores de Matemática**
**Organizador:** *Marcelo de Carvalho Borba*

Neste livro, alguns dos mais importantes pesquisadores em Educação Matemática, que trabalham em países como África do Sul, Estados Unidos, Israel, Dinamarca e diversas Ilhas do Pacífico, nos trazem resultados dos trabalhos desenvolvidos. Esses resultados e os dilemas apresentados por esses autores de renome internacional são complementados pelos comentários que Marcelo C. Borba faz na apresentação, buscando relacionar as experiências deles com aquelas vividas por nós no Brasil. Borba aproveita também para propor alguns problemas em aberto, que não foram tratados por eles, além de destacar um exemplo de investigação sobre a formação de professores de Matemática que foi desenvolvida no Brasil.

Este livro foi composto com tipografia Minion Pro e
impresso em papel Off-White 70 g/m² na Formato Artes Gráficas.